行为心理学

❸儿童行为心理学

[美]约翰·华生◎著　刘霞◎译

天津出版传媒集团
天津人民出版社

图书在版编目（CIP）数据

行为心理学．3，儿童行为心理学／(美)约翰·华生著；刘霞译．—天津：天津人民出版社，2019.8

ISBN 978-7-201-15049-9

Ⅰ．①行…　Ⅱ．①约…　②刘…　Ⅲ．①行为主义—心理学　②儿童心理学　Ⅳ．①B84-063　②B844.1

中国版本图书馆CIP数据核字（2019）第261955号

行为心理学．3，儿童行为心理学

XINGWEI XINLIXUE · 3 ERTONG XINGWEI XINLIXUE

出　　版　天津人民出版社
出 版 人　刘　庆
地　　址　天津市和平区西康路35号康岳大厦
邮政编码　300051
邮购电话　（022）23332469
网　　址　http://www.tjrmcbs.com
电子信箱　reader@tjrmcbs.com

责任编辑　郭晓雪
装帧设计　张文艺

印　　刷　天津中印联印务有限公司
经　　销　新华书店
开　　本　710毫米×1000毫米　1/16
印　　张　15
字　　数　220千
版次印次　2020年1月第1版　2020年1月第1次印刷
定　　价　45.00元

PREFACE
前 言

在我们日常生活中，还有什么比人类行为更复杂、更难以琢磨的事情吗？我们无法忽视人类行为的奥秘，因为我们需要对自己的行为举止和他人的所作所为做出判断。性格与言行习惯的塑造大多源自幼时，那么，对于孩子的行为举止，我们是不是也应当予以关注呢？

每一位家长都期盼自己的孩子可以健康成长，都对自己的孩子寄予厚望，希望他们将来能成就一番事业。“望子成龙，望女成凤”可以说是所有家长的心愿。不过，现在有许多家长过分关注孩子的外表和成绩，忽视了孩子内在的基本需求。若只是将自己的意愿强加给孩子，那么就会适得其反。一个合格的家长，应当了解孩子在生长发育过程中的成长规律和心理特点。只有这样，才能真正使孩子朝着自己心中理想的方向前进和发展。

那么，家长们应该如何真正了解孩子呢？如何去挖掘孩子自身的巨大潜能呢？又如何去塑造孩子的良好的品格呢？本书将为大家解答这些问题，打破旧的传统和观念，树立科学正确的儿童养育观。

《行为心理学3》主要从心理方面来深层解析孩子的行为。作者约翰·华生先生引入十分丰富的案例来讲述孩子的行为特征，并且对孩子的这些行为进行深入剖析，深入浅出、简单明了地将心理学知识同孩子的行为联系起来。作者同时指出一个合格的家长应当怎样正确地看待孩子的行为特征，发现那些隐藏在孩子行为中的问题，并且在必要的时候进行恰当指导，及时纠正那些可能会影响孩子性格与品行的不良行为。华生的这些建议细致入微，值得家长们借鉴和学习。

本书作者约翰·华生，是行为主义心理学的创始人。他抛弃了传统心理学研究的“内省法”，转而采用自然科学当中经常使用的“观察法”与“实验法”，并且把行为主义的研究方法应用到了儿童教养方面。

行为心理学是20世纪初期十分重要的一个心理学流派，它的出现推动了心理学向着自然科学的方向发展，其中生理学更是行为主义的自然科学依据。行为心理学同传统的心理学不同，行为主义的观点主张对实际的行为进行研究，而不仅仅是去研究难以捉摸的意识。人类所有的活动都可以用“刺激→反应”来进行解释说明，同时强调这些反应是由相应的特定刺激所引起的。

在华生看来，幼时的经历对于儿童行为的形成和发展有着重要影响。他认为，孩子出生之初只有一些最简单的反应，之后所形成的复杂反应则来源于环境和早期的训练。其中早期的训练尤为重要，训练的不同不仅导致了婴幼儿期的差异，更是造成了成人期的差异。

华生认为，那些所谓“天赋”的行为，都是在孩子的成长过程中，受到社会环境的刺激而产生的反应。本能是根本不存在的。被人们称为“本能”或者“遗传”的素质，都是幼儿时期接受训练的结果，即人们所有的行为都是学习得来的。他曾经说过:“给我一打健康并且没有缺陷的婴儿，让我在我所设定的环境中教养，那么我可以保证，在这些婴儿中随机挑选一个，我都能够将他训练成任何人物——医生、律师、艺术家，或者商界领袖，甚至乞丐或者小偷——无论他的天赋、喜好、趋向、才能及种族如何。”

传统心理学认为情绪是出于本能，行为心理学则提出了不同的看法。华生认为，大多数情绪源自后天习得，它来源于周围事物和周围环境对其产生的刺激以及对人们所处环境的不同认知。他声称，情绪包含了所有身体机制的深刻变化，尤其是内脏和腺体。他认为婴儿有三种原始的情绪——恐惧、愤怒、爱，而这三种情绪所发生的情境与其表现存在着明显的不同。

对于情绪的变化发展，华生使用条件反射法去研究。他根据11个月大的婴儿形成条件反射的试验，认为使得情绪复杂化并且发展的机制是条件化，人们那些各种各样复杂的情绪都是通过条件作用，在恐惧、愤怒和爱这三种基本

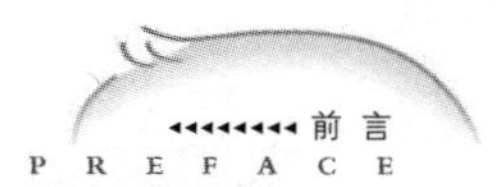

情绪上渐渐形成的。他还认为条件化的情绪反应是有扩散或者是迁移作用的。而条件化的情绪反应在合适的条件下还可以进行分化，并形成分化的条件情绪反应。比如嫉妒，人的行为与嫉妒有着不可分割的关系。嫉妒就是在三种基本情绪的基础上演化而来的一种内在的情绪行为，是由一些特定的社会情境所引起的条件反射。华生还通过对一个3岁孩子的试验，发现了消除孩子不良情绪的最简单有效的方法是对孩子重新实施条件，或者是解除条件对孩子产生的作用。对于恐惧这种情绪体验，华生认为，它是由于许多刺激同时出现，并且产生了替代反应所导致的。而想要解决恐惧，也应该从刺激和反应方面入手。

在华生看来，习惯是儿童适应情境的活动。儿童产生反应活动，是由于内外部的刺激。而习惯性行为，是因为这些活动形成了一定规律。

传统心理学认为思维是一种特殊的心理现象，而行为心理学则认为思维是一种感觉运动的行为。华生指出，人们有两种语言习惯，一种外显，一种内隐。外显的语言习惯就是言语；而内隐的语言习惯则是同自我交谈、无声的谈话，也就是思维。此外，因为有外显的语言习惯为基础，内隐的语言习惯才逐渐演化而来。比如，一个孩子在最初时候是一个人大声自言自语，后来在家长的要求之下，他开始小声地说话，再后来就变成了无声地讲话。

华生认为思维具有创造作用，我们之所以会得到思维的创造物，就是因为人们不停地变换各种语言的反应的结果。在他看来，人有语言形式和非语言形式两种思维。比如，聋哑人就是用肢体动作来代替言语，他们的思维和言语都是以肢体反应的形式来进行。即使是正常人，也并不都是用单词来思维。一个人思维之时，潜伏着的言语活动、肢体活动、内脏活动都在发生着，而肢体活动和内脏活动占优势时，就会发生非语言形式的思维。

在人格方面，华生认为人格等同于行为，是一个人行为的总和，是各种习惯系统的最终产物。研究人格的最好方式就是想办法把动作流切断，让它成为横切面。通过测量，可以研究和塑造儿童的人格。环境对儿童的人格具有决定性的作用，如果想要改变儿童的人格，最好的途径就是改变儿童所处的环境。

在华生看来，人性的弱点都来自婴幼儿时期，这与一个人的意识没有任何关系。而想要克服弱点和缺点，并且塑造优点，可以从改变行为或者刺激反应方式开始。从刺激入手，通过对特定反应的刺激情境进行研究，探寻更有效的刺激方式；从反应入手，不改变刺激环境，而研究替代反应，用良好的反应取代失败的反应。

作者华生思想前卫，敢于抨击旧的儿童养育观念，他提出的关于儿童养育的方法和建议至今仍有许多可为我们所参考、借鉴。但是，他的理论中也存在一些负面观点：华生一直倡导心理学研究科学化，却否认了儿童的主观能动性和创造性，这显然夸大了教育的作用。因此，华生的理论受到了人本心理学与认知心理学的挑战。

不过，华生的理论依然得到了继承与发展。以斯金纳为代表的新行为主义，在婴幼儿的教育和特殊教育方面一直有着极其重要的影响，并且在儿童的教育方式以及纠正方法上不断进行着新的突破。正是这些方法带来的实际效果，使行为心理学的发展空间更为广阔，从而不断地为现代教育带来新的活力。

行为心理学是一门精妙绝伦的科学。阅读本书，你将会受益匪浅。

AUTHOR'S PREFACE
作者自序

自从我拜读了路德·艾米特·霍尔特(Luther Emmett Holt)所写的、从生理学及医学的角度探讨儿童的保健、养育方法的《儿童的调摄及养育》(The Care And Feeding of Children)一书后，我就产生了创作一本与婴幼儿心理调摄有关书籍的想法。我认为关注儿童的心理健康与关注儿童的身体健康同样重要，甚至可以说，在当今这种高压的生存环境下，儿童的心理比他们的身体更需要全方位的呵护。这是因为孩子的内心远比他们的身体脆弱。举个例子：一个孩子被班上的同学欺负伤了膝盖，腿上的伤几天就能治愈，但孩子因此产生对上学、对人际交往的恐惧却需父母用更多的关怀才能消除。如果父母没有及时平复孩子内心的创伤，那么，这种恐惧会存在很长时间，甚至会影响孩子的正常生活。

鉴于行为学者已经发现的材料还不是那么充分，我不能大言不惭地对人们说，读了这本书你就能获得一个满意的、保证儿童心理健康的方法。我只是希望能通过我的这本书让更多的人意识到：在儿童的成长过程中，心理调摄是存在的，并且是十分重要的。

到今天为止，大多数父母仍然十分排斥旁人干涉他们管教孩子的方法，对讲述此类方法的书籍也常常视而不见。每当有人推荐他们接触一下此类的书籍，他们总是不以为然："教育孩子的方法哪里还用学，只要像我们的父母教导我们那样教导孩子不就可以了吗？他们那时候自己养育了那么多的孩子不也都健康地长大了吗？”诚然，我们不能否定任何父母在教育孩子方面的天赋、努力以及他们所取得的成就，但我们必须注意：父母完全以自己的心意教育出来的孩子容易因为父母对某些问题的忽视而出现不足。本书希望能利用行为心理学的知识帮助父母走出生活经验带来的局限性，从而使父母教导出的孩子变得更加优秀。

尽管如此，我们也意识到科学育儿观的推行是十分不易的。这不是因为父母不够爱孩子和关心孩子，恰恰相反，正是因为太过在意孩子才导致了这样的问题。不可以放任孩子在身边玩闹，不可以与孩子睡在一起，不可以通过某些亲密的举动表达对孩子的爱意，这些事情看似微小而简单，但是对热爱孩子的父母来说不亚于无法忍受的酷刑。因此，我们也难以凭借科学育儿观帮助孩子培养出更为优秀的行为习惯。

面对这一现实，行为主义者能做的就是善用家庭，让父母在养育儿童的过程中更好地承担起自己的责任。

研究发现，孩子的行为和他与生俱来的“本能”没有太大的联系，其行为习惯的养成都是受其所在环境的影响。在这种情况下，想让孩子具备一个良好的心态，并拥有适应生活的能力，只能依靠父母对孩子的教育和照料。

为了使每个孩子都能拥有坚强、专心、自强自立、适应环境、礼貌、整洁、生活有规律、与时俱进等能够良好适应生活的优点，我们建议父母要为迎接孩子的到来做好充足准备。在你无限憧憬孩子的到来时也请你问问自己：我是否有充足的时间陪伴孩子的成长？等他对自己的人生产生困惑时，我是否能及时为他答疑解惑？我是否已经创造了足够的物质条件给他提供一个良好的生活条件？如果你当下无法保证各种条件，那么请你多做些准备再让他来到你的生活吧。只有这样你才能在他的成长中不留遗憾，才能让他变得足够优秀。

我知道现在已经有越来越多的父母开始接受来自书籍的育儿建议了，只要

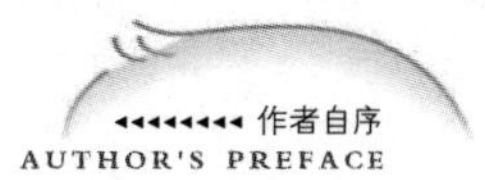

这本书能够协助父母让孩子们在童年时期得到充足的培养和呵护，让他们能够从容地面对未来的人生道路，不因过往而遗憾，不因风雨而颓唐，那么我写这本书的目的就达到了。

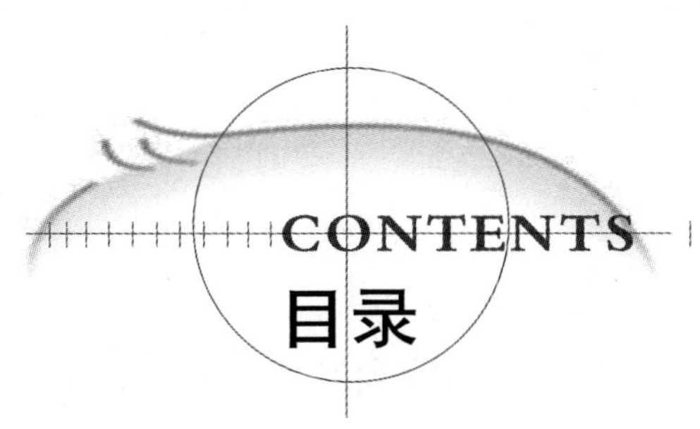

Part 01 刺激解析——儿童行为的多元成因

Part 02 行为心理——后天养成对儿童行为的决定性影响

Part 03 行为研究——出生资质与外部环境的共同作用

Part 04 情绪管理——儿童行为的心理状态表达

Part 05 恐惧解读——儿童成长中有功有过的“无字碑”

Part 06 习惯剖析——习惯的产生、维持与丢弃

Part 07 思维探讨——言语与思维的关系

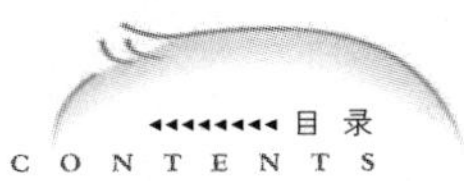

Part 08 人格塑造——培养儿童健康的人格

Part 09 行为训练——帮助孩子获得价值人生的路径

Part 10 教育偏颇——教育需要理性而不是感性

Part 11 人体阐述——人体组织的构成与运作

Part 01

刺激解析
——儿童行为的多元成因

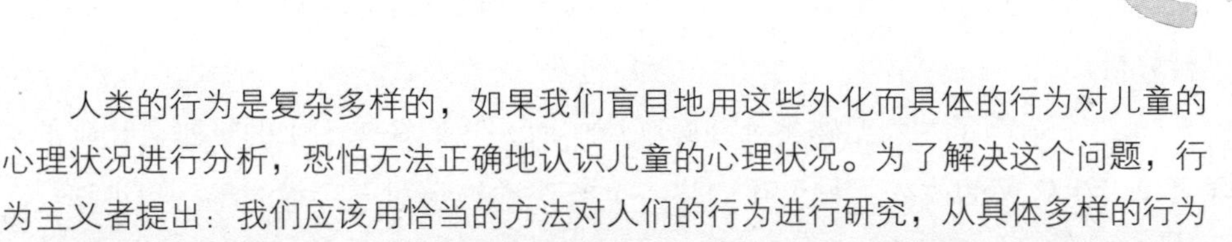

人类的行为是复杂多样的，如果我们盲目地用这些外化而具体的行为对儿童的心理状况进行分析，恐怕无法正确地认识儿童的心理状况。为了解决这个问题，行为主义者提出：我们应该用恰当的方法对人们的行为进行研究，从具体多样的行为中寻找人们行为的特点，用这些具有普遍性的行为特点来分析儿童的心理。

此外，行为主义者还对研究人类行为的方法提出了具体的要求，认为我们应该通过观察来分析孩子的行为，而不是通过智力测试和社会实验这两种带有盲目性和片面性的方式对儿童的行为进行研究。

1. 刺激：与生俱来的行为“诱发剂”

人类所有的行为都是对刺激所做出的相应反应，那么，行为主义者在判断这些刺激对应的反应时，都会采取什么方法呢？事实上，行为主义者是通过控制刺激发生作用的强度和时间，以及改变刺激出现时的组合形式来进行研究的。下面我们来举几个例子。

一位母亲午休时，不管我们是对她说话还是让一只小狗在她面前轻声吠叫都不能引起她的反应，但是，当我们让襁褓中的孩子发出啼哭，母亲便会马上惊醒并朝着孩子的卧房跑去。这种情况下，我们可以对引起母亲反应的婴儿啼哭时间及强度进行一个科学的统计，并用数学和逻辑的方法对我们得到的结果进行分析。

再举一个例子，当宠物狗处在睡眠当中时，我们摇晃手中的纸张会让狗的呼吸声发生轻微的改变；如果我们将一个笔记本扔到地上，狗的尾巴和小腿会出现动作；如果我们站起身，那么狗也会立刻站起身，并且兴奋地跑到门口等待我们发出出门的命令。我们完全可以通过这个实验对引起狗反应的刺激强度和时间进行统计。

人类自诞生之日起就不断地受到刺激，并根据刺激做出不同反应。这为我们顺利地收集到刺激作用与人类的相关数据创造了条件。

很多人认为这是实验者按照自己的心意创造出来的情境，在这种情景下得到的数据难以具有普遍性，不足以让人信服。为了让大家相信这种方法的科学性，我们不再创造特定的情景，而是在生活中观察种种场景中人们的反应。

比如说，我们可以挑选一个工资发放的日子到公司去，对员工们的反应进行仔细观察；我们还可以给那些租房子的人提供免费的房源。我们不断地让人们受到与日常生活密切相关的种种刺激以期他们做出那种普遍的、时常在人们生活中出现的反应。我们很清楚，只有这种令大家感同身受的反应才能取信于人，让大家认可我们使用的试验方法。

但是，为了确保我们的实验方法在社会上是有效果的，我们必须在实验室中将我们观察到的种种行为进行复制。为了做到这一点，我们必须先弄清楚这种特定反应是在什么情景中产生的。

每一次在我进行演讲时都会有听众在台下与周公约会，当我问到这种现象产生的原因时，人们给出的答案各不相同。有人说是因为演讲过于乏味，有人说是因为屋内通风条件太差空气不流通，还有人会说是因为自身身体不适。但如果我用实验的方法寻求这个问题的答案，我会得到一个什么样的结论呢？事实上，我们得到的结论与大家所说的完全不同。在实验中，大家之所以产生昏昏欲睡的感觉是因为屋内热量不断增加，只要将窗户大开或是在屋内放上几台电风扇，大家就能困意全消。由此，我们知道科学的方法不但可以让我们找出引起特定反应的刺激，还能够找到减少刺激控制反应的方法。

2. 面对刺激，儿童的三种行为反应

为了让大家对心理问题和行为主义者解决心理问题的方法有清晰的认识，我们用几个简单的公式对相关的问题进行总结。

S------------R

已知的　　　　已知的

在这个公式中，S 是刺激，R 是反应，当我们以这个公式对反应和刺激的

关系进行描述时，我们会发现以下三种情况：

第一种情况是习得性的反应。在我们刚刚出生时，有些刺激不会引起我们的反应，但在后天环境的影响下，我们便会对刺激产生相应的反应。比如，在我们蹒跚学步的婴幼儿时期，我们不会有一看到红灯就要止步的反应；但是由于我们每一次试图在红灯亮时越过马路都被制止，久而久之，我们一看到红灯就会产生止步的反应。在这种情况下，红灯可以被称之为替代刺激。因此，我们从不止步到止步的行为变化被称之为条件反射，这种形成条件反射的反应就是习得性反应。

此外，当我们找到其他可以引起相同反应的刺激时，我们可以将所有引起反应的刺激统称为条件刺激。举个例子，当我们工作的时候若是出现有人与我们谈话、工作完成、腹中饥饿的情况，都会让我们停止工作，这时停止工作就是我们做出的条件反应，而与人交流、工作完成、腹中饥饿这三件事都是令我们做出这些反应的条件刺激。

第二种情况是与习得性反应相对的无条件刺激。这种刺激一出现就会引起幼儿的本能反应，这种反应就是我们所说的非习得性反应。下面我们可以举几个例子，当婴儿看到光线时会不由自主地转动眼球；当他们口中含着酸性东西时会无意识地分泌唾液；当他们被东西割伤时会不停地哭喊；当他们听到突如其来的噪声时会无法自控地感到恐惧并因此大声哭喊直到声音停止。引起这些本能性反应的刺激就是我们所说的无条件刺激。

如果我们将条件刺激和非条件刺激进行比较，就会发现条件刺激远比非条件刺激的数目多，非条件刺激在生活中起到的重要作用也不是条件刺激可以比拟的。即使如此我们也不能忽视这些条件刺激，要知道由这些非条件刺激形成的无条件反应是对我们的生活有重大影响的条件反应形成的基础。如果我们不能对引起无条件反应的非条件刺激有一个全面的了解，我们就无法得出与人类行为研究有关的正确结论。

除上述所说的两种情况外，条件刺激还可以造成与刺激和反应有关的第三种情况，即我们可以用一种刺激引出我们想要的反应，并且用另一种刺激代替我们已知的这种刺激。在下文中我们会单独对这种反应替代进行详细的介绍，这是因为，反应替代在孩子成长中具有条件反应和无条件反应都无法替代的重要意义。

3. 条件反射中的重要现象：反应的替代

所谓的反应替代有两种不同的含义：第一种是指在不同的情况下，人们会做出截然不同的反应。举几个例子，当一只小狗亲近地用它的身体碰触孩子，孩子会觉得很快乐，会张开嘴露出可爱的笑容；但如果这只狗狂吠着向孩子扑过来，孩子就会因为恐惧而大哭。如果在炎炎的夏日有一阵风吹来，我们会张开双臂感受这来之不易的凉爽；但如果是在寒冷的冬日，我们就会在寒风袭来时紧紧地抱住双臂以抵御寒风的侵袭。这些下意识行为就是我们所说的因环境改变而产生的反应差异。

这种简单的替代反应在我们年幼时就已经建立起来了，我们总是在下意识的情况下完成这种反应的转变，因此它不需要我们格外留意。今天作为我们研究重点的是另外一种替代反应，这种替代反应是指我们在相同的环境下，因为以往表现出的反应不能良好地适应环境而做出的心理和身体反应的调整。举例来说，一个人因为不善于表达自己的感情而终日沉默寡言，这被人视为冷漠，这个时候就需要他改变自己与人交流时的反应，尽可能多地表露自己的想法，这样才能更好地与他人相处。有些人认为这种替代反应也和第一种替代反应相似，是人们在年幼时就能掌握的一种能力，不需要特别注意。

但事实并非如此，生活中有许多人并未掌握这种在相同环境下更改自己反应的能力，他们会一直保持着在某种刺激下形成的反应，因而对烦琐的工作、失败的婚姻等不如意的事情无能为力。我们相信这也是近年来抑郁人数不断增加的原因之一。

有鉴于此，我们必须在孩子幼年时就对他们进行培养训练，让他们自小就形成习惯，在不利的环境下迅速改变自己的反应。例如，我们看到孩子因为不会做数学题而发愁时，我们不应该帮助他们完成这道题，也不能任由孩子在考虑很长时间后仍不断进行无谓的思索，我们可以提醒他，让他想想别的办法，比如找一找别的教科书，看上面有没有解决这道题的方法。当我们看到他想爬到树顶摘下果子却无能为力时，我们可以提醒他采用别的办法拿到那个果子，比如“你觉得去找个梯子怎么样”？我们相信这样的教育方式可以成功地帮助孩子们形成“条条大路通罗马”的思维方式，我认为这是父母留给孩子的最珍贵的财富，它能让孩子们在面对糟糕情境时迅速做出恰当的替代反应，更好地面对或是改变自己所处的环境，拥有自己想要的生活。

4.“不固定”是儿童反应的固定常态

在研究与反应有关的问题时，我们常常会产生这样的疑问：我们的反应是不是固定的？我们是否有可能建立起全新的反应？随着研究的进一步深入，行为主义者自信他们找到了这个问题的答案。下面我们就对这个问题做一个系统的回答。

我们很清楚，从人体的构造上来说，人的精神通道在婴儿期就全部形成了，这就意味着在婴儿期以后我们就不可能形成任何非条件性的反射了。虽然在人类众多的反应中非条件性反应是非常微小的，但我们绝不能忽视它的作用。要知道人类所有的复杂反应都是在刺激的影响下，由这些毫不起眼的非条件反应组合而成的。非条件反射的数量稀少意味着我们可以形成的条件反射数量也会受到限制。

为了更好地说明一个无条件的、广泛扩散的反应是如何变成一个有限制的条件反应的，我们需要用小白鼠做一个研究实验。我们将一只 24 小时没有进食的小白鼠放进一个用铁丝做成的笼子里，设想一下，如果这是只刚刚诞生的、没有养成任何条件性反应的小白鼠，那么它会做出什么反应呢？根据观察发现，这样的小白鼠进入笼子后会不停地奔跑，还会三番两次地将鼻孔伸出铁笼的网眼。我们不难发现，这些非条件反应里包含着解决问题的必要反应，小白鼠只要将一根老式门闩从笼子中举起来就可以离开笼子，这个反应其实可以分解成四个部分，即：到达门口，在门口抬起头，用爪子不停地摇晃铁门，走向可以获得食物的道路。这四个反应都包含在小白鼠的非条件反应中，只要它将这四种反应按照恰当的顺序组合起来，它就可以成功地离开牢笼。

此外，需要注意的是当这四种反应形成恰当的组合后，小白鼠为离开笼子所做的其他非条件反射也就此消失。我们将这种由非条件反射组合而成的反应称之为条件反应。非条件反射形成条件反应以及其他非条件反射消失的过程，就是我们所说的习惯的形成（Formation of Habit）。

这个过程看起来十分简单，然而事实却并非如此。无论是内省心理学家，还是行为主义学家，都没能从数不胜数的与习惯有关的资料中得到科学的指导习惯，并因此形成相关的理论。他们现在能做到的仅仅是帮助人们建立起新的条件反射，但我们不能误以为这等同于他们在习惯研究方面毫无建树。事实上，对于孩子来说，形成足够的条件反射是十分重要的，这是他们适应生活环境的基础，也是他们获得幸福生活的前提。当然我们不能因此忽视对习惯形成原因的研究，因为它同样对孩子影响深远。想想看，如果每个孩子都能养成自律、勤劳、积极思考等良好的行为习惯，那他们的人生该有多么美好啊。为了让孩子们成长为优秀美好的样子，即使前路荆棘密布、困难重重，心理学家们也不曾放弃对习惯形成的研究。在后面的讲座中我们将不断地对这个问题进行探讨。但在这之前，我们必须先将与条件反射有关的内容进行一个简单的讲述，要知道条件反射与习惯的养成实际上存在着密不可分的关系。

5. 条件反射的成因：腺体反应中的刺激替代

在进行了大量的数据分析后，我们发现刺激替代可以成功地引起人们的条件反射。为了对这一问题的真实性进行确认，我们决定用狗的唾液腺进行动物实验（之所以选用狗的唾液腺是因为我们已经用狗进行了大量与条件反射有关的实验，我们确信狗比其他动物更能体现这一实验的正确性。而我们之所以在可以引起反应的两种组织——肌肉和腺体——并在两者中选择后者，是因为腺体活动比肌肉活动更容易进行分级）。下面我们就谈谈具体的实验过程，以及我们从中得出的结论。

首先，我们需要在狗的腮腺管上开一个小口，保证从唾液腺分泌出的唾液都能从口腔内流到口腔外，然后将能令狗产生无条件反应的刺激物和原本不能引起狗无条件反应的物品一起呈放在狗的面前，最后我们用一根管子将口腔和试验仪器连接起来，观察狗看到不同物品时唾液滴数的变化。

通过观察发现：如果那些不能引起狗无条件反应的物品很少会与酸液或肉末饼干等可以引起狗无条件反应的物品一起出现在狗面前，那么狗在面对这类物品时是不会产生反应的。但是如果我们频繁地让这两类物品一起出现在狗面前，那么狗在面对无法引起无条件反应的物品时也会产生刺激反应。举个例子，如果我们每次都把狗粮放在固定的盆里对狗进行喂食，长此以往，当狗看到平时用来喂食的盆子时，即使里面没有食物，它的腺体也会产生反应，即唾液的分泌增多。

对狗来说，不仅长时间与食物同时出现的东西会引起它的条件性分泌，在它进食后或进食前的短暂几秒内被它的感觉器官所感受到的东西也能引起它的条件性分泌。比如说，我们每次都在狗进食之后的四五分钟内将篮球放在它的

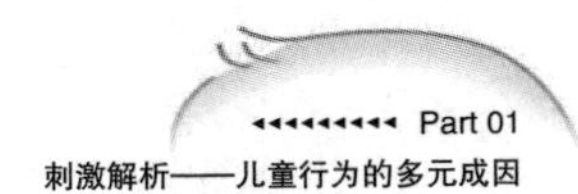

面前，这样连续一个月之后，当它看到篮球时腺体也会做出条件性反应。又或者我们每次在它进食前四秒时都轻轻摇晃铃铛，这样重复一个月以后，每次铃铛响起，狗同样会出现腺体的条件反应。

这些例子证明，我们完全可以利用刺激替代让狗产生腺体条件化反应。在过去的实验中，我们发现狗在受到条件性刺激时，所做出的条件反应大多都与人相似，因此我们认为替代刺激可以引起条件性反应，这一结论在人的身上也同样适用。

6. 腺体反应的细致路线——分化

通过实验我们已经得出结论：替代刺激可以让狗产生条件化反应。今天我们要讨论的是如何分化狗的腺体反应。所谓分化就是将引起狗反应的物品进行更加细致的分类和控制。举例来说：如果我们频繁地在狗进餐之前弹奏音乐，就可以让狗对音乐产生条件性反应，此时这种条件性反应针对的是所有的音乐。而所谓分化就是让狗进一步对音乐进行区分，即让他们听到 a 曲调时产生条件性反应，听到 b 曲调时则无动于衷。要想做到这一点，我们还是需要从引起狗非条件性反应的食物入手，当 a 曲调响起时我们照例向狗投喂食物，当 b 曲调响起时我们则不向狗投喂任何食物。天长日久之后，当狗听到 a 曲调时会做出见到食物的兴奋反应，听到 b 曲调时则无动于衷。

这样的方法可以应用在狗的每一个感觉领域。在这种方法的影响下，不管是不同的噪声，还是不同的气味波长，都能引起狗的条件反应差异。那么，狗是如何对这些有区别的事物做出正确的条件反应的呢？为了解决这个问题，安雷普将狗的一些唾液反射表现进行了整理和归纳。并从中得出如下事实：

（1）条件反应并不是一经形成就永不消失的，如果狗在较长时间内不作出这个条件反应，那么这种条件反射便会随着时间的推移慢慢消失。要注意的是，如果我们重新进行相关的条件训练，这种消失的条件反射很快会被重新建立起来。举个例子，我们训练狗去捡我们的拖鞋，每次它拿到拖鞋后就给吃的，久而久之就会形成叼鞋的条件反射；但是如果我们很久不对它发出指令，或是在它这样做之后不作出常做的反应（给它们食物、抚摸它们表示亲近和奖励），那么它们就不会再表现出这种条件反射。但这并不意味着这种条件反射已经消失了，事实上它还保留在狗的大脑皮层深处，一旦经受细微的刺激，就会在狗的行动中重新表现出来。一只从未受过相关训练的狗养成一种条件反射大概需要 10 天的时间，但曾经形成过这种条件反射的狗，重新显露出这种反射只需要五天左右。

（2）为了让狗做出正确的差异性条件反应，我们可以让替换刺激固定化、特殊化。例如我们在狗开饭前只对它们放出一种曲调，久而久之，它们只会在听到这种曲调时才会产生条件性反应，对其他的声音则充耳不闻，不会有任何反应。

（3）反应程度与刺激强度密切相关。如果我们增加条件刺激的强度，那么它们的条件反应也会随之增强。需要注意的是：连续刺激的中断不但不会造成条件反应减弱，还会使条件反应增强。举个例子，在狗养成听到音乐就向前奔跑的条件反射后，我们在一段时间内停止音乐的播放，当音乐再次响起时狗不但不会有迟疑，反而会更加迅速地向前奔跑。

（4）条件刺激可以让条件反应产生明显的累积效应。所谓累积效应就是随着刺激种类的增多，借助条件刺激形成的条件反应也会加强。举例来说，假如声音刺激和颜色刺激都会引起狗的条件反应，那么当我们让狗同时受到声音和颜色两种刺激时，狗的条件反应会明显加强。

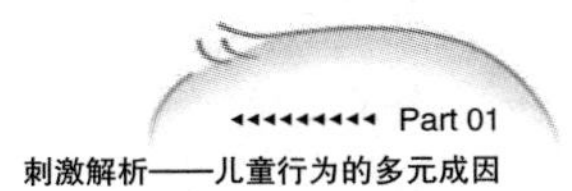

7. 人类的腺体是否能进行刺激反应

在上文中我们已经确定，我们可以用刺激代替的方法使狗产生条件反射，但是我们仍不确定这种方法在人的身上是否依然适用。为了得出这个问题的确切答案，我们在人的身上也进行了唾液反应实验。K.S・拉什利（Lashley）博士制作了一台唾液仪，这台仪器由一个银圆盘制成，由两个分隔的小室组成，每个小室上都有与记录台连接的银管。只要我们将这种唾液仪放置在口腔内表面，我们的唾液数就可以得到记录。

通过实验可得：人与狗一样都可以通过刺激替代的方法形成条件反射。人和狗在面对食物和酸液时才能产生唾液腺非条件反应，其他的任何物质在一开始时都不会让他们产生分泌唾液的反应。但是如果我们长期用医用滴管将酸液滴到被实验者的舌头上，那么被实验者一看到医用滴管也会不由自主地做出分泌唾液的反应。

要注意的是，如果人们对酸液和食物以外的东西产生分泌唾液的举动，那一定是因为他在有意或是无意的情况下受到了替代刺激训练，形成了条件性反射。有些人依旧秉持着内省心理学的观念，他们认为人之所以会分泌唾液是因为观念联想（As-Sociation of Ideas）。但这其实是无稽之谈，要知道如果一个人没有吃过梅子是无论如何都无法做到望梅止渴的。我们的腺体并不会被我们的意愿（Voluntary）所控制。

在进行了动物试验和人体试验之后，我们可以得出如下结论：有机体的唾液腺可以在替代刺激的影响下形成条件反射。但是实验者的研究并没有因为得到这个答案而停止，他们将关注点转移到了其他腺体上，希望通过研究了解其他腺体是否也像唾液腺一样。为此学者们选取了泪腺、胃腺等腺体进行了研究实验。通过实验，人们发现除了无管腺仍无法确定以外，其余腺体都能产生条件反射。此外研究者们还发现人体的肌肉（包括横纹肌和非横纹肌）也和腺体一样可以进行条件反射。

本节内容讲述了引起条件反射的重要方法——刺激替代，此外我们还对该方法的适用范围进行了一个简单的说明，并希望大家可以借此了解以下三个观点：

（1）刺激替代这种引起条件反射的方法适用于每一个能够产生反应的人体器官。在人体中没有哪一个器官是只能进行非条件反射而不能进行条件反射的。

（2）人们自诞生起，每时每刻都在发生着条件反射。这种条件反射不仅可以按照是否是人们与生俱来的反射分为有条件和无条件两类，还可以根据是否可以被察觉分为两类：一类是可见条件反射，它是指如小孩躲避来往车辆这样的、能够被我们的肉眼观察到的反射；另一类是不可见反射，它是指在身体内部发生的、我们观察不到的反射。举个例子，当一个饥饿的人看到橱窗内的糕点时，他的身体会做出胃酸加速分泌的条件反射，这种反射就是我们所说的不可见反射。

（3）腺体和横纹肌并不会被人们的意识所控制，事实上我们观察到的种种腺体和横纹肌反应都是刺激和刺激替代的产物。举例来说，我们的腿会经常性地出现肌肉抽搐这种条件反射，在这种情况出现时我们只能忍耐，等待它自己结束或是用按摩的方法减轻这种反射带来的痛苦。我们仅仅依靠自己的意识是无法让这种反射停止或是减弱的。

行为主义者相信，这三个观点可以帮人们用科学知识更理智、更从容地面对孩子们的种种条件反应，在他们对这些反应感到困惑和不适时，给他们正确的指导和帮助，让他们能够更加健康快乐地成长。

8. 影响人类行为的重要因素——刺激和反应

通过较为科学的调查讨论，人们发现行为主义是自然科学的一种，这门自然科学的研究对象是人们适应的整个领域。就像天文学家热衷于对天体的研究和改变一样，行为主义者对人类的所作所为有着浓厚的兴趣。他们一直试图对人类的反应进行预测和控制，希望看到人们遇到事情时可以做出他们所希望的种种反应。那么，究竟什么是行为主义者眼中的反应呢？他们又是怎样对引起反应的刺激进行定义的呢？

在行为主义者的眼中，刺激可以分为两种：一种刺激是环境客体刺激，就像我们会因为直面闪烁的灯光而不停地眨眼，闪烁的灯光就是我们所说的外部刺激。又比如说，刺鼻的烟雾会让我们情不自禁地掩住口鼻，在这对因果关系中，刺鼻的烟雾就是我们所说的环境客体刺激。由此可见，这种刺激可谓多种多样，但它们都有一个共同的特点：都是在外部环境中产生的刺激；另一种刺激则是因人体内部组织变化而产生的刺激，比如当我们的肌肉松弛时产生的一种刺激，又比如我们的胃部痉挛时对身体产生的刺激。所有与之类似的刺激都是我们所说的由内部组织变化引起的刺激，有些人认为这种刺激比环境客体刺激更加神秘，实际上这种说法是没有科学依据的。

在行为主义者的眼里，内外刺激在本质上都是一样的，它们都是人类反应的成因。他们在意的是：如何扩大人们反应的刺激范围。要知道并不是所有的刺激都能使人们产生反应，比如天空中云朵的增加和减少不会让人们的行为产生变化，马儿走到路边不能让行色匆匆的路人停下脚步。行为主义者要做的就是尽可能地增多人们因刺激而产生的反应。要做到这一点，他们就必须对人们的反应有一个正确的认识：什么是人们的反应？人们的反应可以分成几类？下面我们就对这些问题作出解答。

从上文的讲述中我们已经知道：刺激是无处不在的。有机体在世上存在的每一刻都要受到刺激的影响。他们在刺激的影响下往往会从事某项运动，这种运动就是我们所说的反应，这种反应并不总是引人注目的，但是大多数情况下，只要它出现就能让我们的机体产生生理的改变。举个例子来说，在我们饥肠辘辘时我们的胃就会不停地收缩，促使我们作出进食的运动，当我们饱餐一顿之后胃也就停止收缩了。

对人类而言，能够引起生理性变化的反应是非常重要的，我们无法想象一个没有反应的机体是如何在这个世界上存在的。对行为主义学者而言，只有深入观察了解人类的种种反应，才能知道人们在做一些什么事，他们做这些事情的原因是什么。因此尽管受到许多质疑和嘲笑，他们仍然坚持不懈地对人们的种种反应进行研究。在研究中他们发现，反应并非如他们开始所想是单一的，实际上机体有好几种不同的反应。为此行为主义者开始从常识、习得与否、逻辑这三个角度对反应进行分类。

从常识的角度，反应可以分为外部反应（External Response）和内部反应（Internai Response）两类，也可以称之为内显反应（Implicit Response）和外显反应（Over Response）。所谓的内显反应是指人们做出的肉眼无法观察到的反应，是仅限于肌肉和腺体系统无法被旁人发现的反应；而外显反应则是人们可以轻而易举观察到的反应。

从是否习得的角度，我们可以将反应分为习得的反应和非习得的反应。前者指的是人们在生活中形成的习惯和条件性反应。比如，我们会自觉遵守各项交通规则，我们会按时上下班，我们会在见到毒蛇时匆忙躲避，会在下雨时紧闭门窗，这些都是我们在生活经历和所学知识的刺激下形成的条件性反应。在生活中我们无时无刻不在进行着这种条件性反应，它们是我们在所处环境中生活的基础，甚至可以说如果我们不具备这些反应就无法在世界上生存。后者指的是人们在婴幼儿早期条件性反应和习惯形成之前所做的一切反应。这些反应包括巴宾斯基反射 (Bablnsky Reflex)。当我们轻轻碰触婴幼儿的脚心时，他们的大脚趾会向上伸展，与此同时他们的其余脚趾会立刻呈扇形散开。此外在婴儿六个月时会出现竖头的无条件反应，大部分孩子在九个月时就会出现爬行的无条件反应。除了这些行为上的无条件反应之外，婴幼儿还具有情绪上的无条件反应。他们会因为听到突如其来的噪声和突然失衡而产生无条件的恐惧，会因为行动受阻出现非条件性的愤怒。这些无条件反应的数量远不如条件反应那么庞大，但它们是条件反应的基础，所有的条件反应都是由这些简单的无条件反应构成的。也就是说，如果没有无条件反应，我们连最基础、最简单的行为都无法做到，它在我们的生活中起着非常重要的作用。

按逻辑分类，即按反应发生的器官对反应进行分类。比如，我们可以将反应分成视觉的非习得反应，如我们看到灯光闪烁时会不由自主地眨眼；视觉的习得反应，如我们看到电焊时会立刻闭上眼睛；动觉的习得反应，如当看到篮球从远处抛过来时，我们会立即用手抓住它；动觉的非习得反应，如当我们的行动受到束缚时，我们会不由自主地挪动身体。此外还有许多这样的器官反应，了解了这些，能帮助我们对各个器官的反应机能和生理构造有一个更加清晰的认识。

在行为主义者对影响人类行为的因素——反应与刺激进行了比较系统的认识和了解后，他们对人类行为这一研究课题有了更加深刻的了解，他们选择出了正确的研究方向——对人们反应的观察和试验。我相信，只要他们能沿着这条正确的道路坚持不懈地研究下去，一定能够在人类行为这个研究课题上取得新的进展，同时也让我们所提倡的行为主义被更多的人们所接受，让孩子们能在行为主义影响下变得更加优秀。

9. 研究人们行为的技术方法：智力测试和社会实验

随着社会的不断发展，人们开始使用不同的方法对人们的行为，即人们的条件反应进行研究。下面我们对人们常用的两种技术方法做一个简单的介绍。

第一种方法就是人们所熟知的智力测试。25 年前，心理学家们都热衷于用这个方法对个体的表现水平进行评估，并通过评估的结果得出不同国家、不同性别、不同年龄的人行为能力的差异。抛开其他不谈，单是创造者动用数万人进行实验的这份耐心和勇气，就足以让我们将这种方法载入心理学的史册。遗憾的是，使用这种方法的人们并不能通过这种方法得出对于人们诸多行为的正确认识。他们往往会走入误区，认为人们天生就具备一定的智力，而测试的目的，就是将人们具有的这种天生的能力从人们的众多能力中分离出来。但事实上人们并不存在什么天生的能力，人们只是具备一些最简单的非条件反射。通过实验我们已经证明，这种非条件反射同样出现在较为高级的动物身上，它并不足以令人们显现出非凡之处，这样的测试之所以到今天还没有被遗忘，是因为我们可以利用它对人类的表现进行分级和取样。举个简单的例子，我们对幼儿园的孩子们进行测试，就可以对他们目前已掌握的条件反射进行分析统计，从而判断出人们在幼儿时期三到五岁时所具备的行为能力水平。

接下来，我们一起来看一下人们使用的第二种方法——社会实验。所谓的社会实验，其实就是人们不断用各种方法创造刺激，直到被刺激的团体做出实验者们所期待的反应。

一般来说，社会实验只会在两种情况下产生，第一种情况是社会形式糟糕到令人们无法忍受的程度，这时人们只想快速行动起来摆脱当前的处境，而无暇关注他们的方法会给未来带来什么样的影响。我们认为这种时候进行的社会

实验都是盲目的、不成熟的。

当人们迫切地希望得到某个集团的特定反应时，他们也会进行一定的社会实验（这种社会实验往往是自上而下的），事实上这种社会实验同样具有盲目性。举例来说，为了减少社会成员的犯罪次数，减少他们的婚外性生活，政府颁布了禁酒令。但他们并不确定这样做是否得到了我们想要的效果，事实上这样做不但没有让酒徒们变得更加遵纪守法热爱家庭，反而滋生了他们对政府的不满，增加了他们当街闹事的次数。

这种盲目刺激也被应用在儿童的身上，比如说，父母为了让孩子进步，会将孩子辛辛苦苦完成的画作撕毁；为了让孩子们的能力得到提高，他们会在孩子犯错误时对孩子进行嘲讽甚至辱骂。举个例子，当孩子在马术竞赛中失利，他们会说，哦最后一名，真是难为你取得了这么差的成绩；当孩子失去他梦寐以求的比赛资格时，他们会说，以你的能力这个结果并不让我感到惊讶。诸如此类的例子可以说是数不胜数。事实上这种为了让孩子提高而进行的盲目的社会实验是不可取的，它不但不能令孩子们变得更好，还会挫伤孩子们学习和探索的积极性，让他们失去尝试的勇气和自信阳光的心态。

通过观察，我们发现这两种研究人类行为的技术方法都有它们的不足之处，并且哪一种都无法帮助我们达成研究和改造社会行为的目的，为此，我们一定要谨慎使用。尤其是父母们要注意，不要用盲目刺激的方法教育孩子，因为孩子只有一次成长的机会，如果我们在不能确定后果的情况下，贸然按照自己的想法刺激孩子很有可能给孩子的一生留下永难磨灭的伤痕。

10. 不需实践就能研究人类行为的方法及典例

不论是智力测验还是社会实践测验，都必须通过一定的社会实践才能得出结论。换言之，他们都是观察人们行为和心理的技术方法。那么，这世上是否存在一种方法，让我们可以不必实践就能了解一个人的行为模式和心理状况呢？事实上这种方法是存在的，它就是我们常说的常识观察法。

正如我们所知道的那样，每个人都有一定的心理分析能力，这不是通过心理学知识学习得到的，是在生活中不知不觉地培养出来的。无论是谁都可以对刺激引起的反应进行一个简单的预测，也正因如此，我们可以借助观察法完成对人们有益的常识心理学（Commonsense Psychology ）。只要我们对一个人进行长时间的观察，我们就可以对这个人有一定的了解，从而在相处时注意自己的言行，与这个人相处得更为融洽。如果我们能够养成察言观色的习惯，那么即使我们不学习与条件反射有关的知识，也可以学会我们所提倡的实践心理学，从而对自己或他人的行为做出一定的了解和调整。

举个例子，上周我答应一个朋友用我所掌握的实践心理学的知识，对他做得不够恰当的行为做出调整，以便他能拥有更好的生活状态。为了做到这一点，我同他在一起住了三天的时间，对他的行为进行近距离的观察和调整。

这个朋友在上周末进行了过量的体育运动，因此他周一起床后感到浑身酸痛，并且昏昏欲睡。于是他一边大声地向旁人诉说着他对假期安排的不满，一边为刮脸和洗澡做准备。我制止了他，并让他把手臂和脚稍稍放松，停止大声抱怨，像往常一样吃饭，并在出门前用温水洗一个澡。我信誓旦旦地对他说，只要你按照我说的做，那你一定可以感到舒适。这些语言对他的行动产生了影响。他按照我的话吃完了早餐，这时他已经觉得自己的身体变得舒服了许多。

但他觉得鸡蛋被煮过了，失去了原有的风味，于是他打算招来女仆，告诫她几句。这时我看了看女仆的脸色，觉得她的脸色非常不好，似乎正拼命地压抑着愤怒。于是我轻声地对朋友说，你的女仆似乎对我们很不满，我猜她不但不会承认自己的错误，还会反过来指责我们。果然朋友的话还没说完，女仆已经愤怒地开始了对我们的指控，包括我们在难得的周末还让她早起做早饭等，一直到朋友的妻子赶来将女仆骂了一顿，她才安静下来。

当家里的事情处理好后，我们急匆匆地去赶上班的火车，但是我们没有赶上较早一班的火车，只能眼睁睁地看着它在我们面前疾驰而过。这令我的朋友变得既愤怒又暴躁，他一边用脚踢路上的石子，一边大声地说，为什么这辆倒霉的火车只有在他晚点的时候才会准时发车。他的行为引来了众多行人的目光，让我觉得既无奈又好笑。当我们登上另一辆火车时，他才终于冷静下来，但此时他显得无精打采非常失落。

根据我的观察经验，我知道如果他不对自己的状态进行调整，那么他这一整天都会过得很不好，不仅如此，他今天很有可能非常轻易地与人发生冲突，影响他和别人的关系。于是我提醒他说："朋友，发生过的事情即使再懊悔也于事无补，你一定要调整好你的心态，注意你和旁人相处时的态度，如若不然你可能会让跟你接触的人感到很难过，你自己今天的心情也不会好。"

他将我的话记在了心里，上班之前他做了一个大大的深呼吸，带着笑脸和同事们打招呼。他认真地工作，沉浸在他的报告当中，对周围的一切浑不在意，这时早上的突发事件带来的不快已经渐渐地在他的心里消散了。

下班时他又不由自主地向我抱怨起他的假期安排，通过对他的观察我知道他不满的真实原因是他的妻子缺席了他难得的假期。于是我对他说，他的妻子本打算陪他一起度过假期，是因为公司有急事，才不得不缺席的。我们度假时所用的东西都是她亲手准备的（他一直觉得妻子对他不够关心），在听了我的话后他明显变得轻松起来。

我之所以对大家详细地说明我和他的相处过程，不仅是为了让大家知道观察法在实践心理学的应用上所起到的重要作用，也是因为我想让大家知道，我们可以用行为主义的方法对个人的行为进行调整，那么我们就会变得更加幸福、优秀和从容。行为主义心理学可以对人们生活的方方面面产生影响，如果我们能用行为主义心理学来养育我们的孩子，那么他一定可以拥有一个成功幸福的人生。

11. 行进在追梦之路上的行为主义者

在了解了当今儿童的护理状况之后，行为主义者不得不承认他们着实没有提出什么有见地的建议，这是因为自始至终他们都没能创造出完全符合社会要求的“理想型的孩子”。这使他们时常受到来自社会各界的抨击，认为他们的主张只不过是不切实际的空想。对于这个问题，行为主义者确实无法提出什么有力的反驳，实事求是地说他们是一群追梦的人，但是他们并不知道他们有关孩童教育的梦想何时能够实现，他们甚至不能确定这个主张一定能够得以实现。

尽管如此，行为主义者仍坚持不懈地进行着他们的研究，并用各种方式向人们宣传与行为主义有关的知识，因为他们坚信行为主义的观点和方法对儿童的成长是有利的，它能让孩子们在愉快生活的同时养成比如独立地思考、恰当地与人交流、勇敢地面对生活中的困难等好习惯，让他们能游刃有余地面对所处的社会环境。

正因为这种美好的追求，才能让行为主义者在众人的责难中、在前路迷茫的前提下，仍然坚持本心，砥砺前行。

Part 02

行为心理
——后天养成对儿童行为的决定性影响

我们知道，在心理学领域有许多不同的流派，他们用不同的方式来研究儿童的心理状况。在这些心理学流派中较为出名的是行为主义心理学。该流派的行为主义者认识到：人们无法用内省法对儿童的心理状况做出恰当的分析。因此，他们对传统的内省心理学进行了批判，并且另辟蹊径，通过观察儿童的行为对他们的心理状况进行分析。

此外他们提出孩子的情绪和他们的行为习惯一样，不是与生俱来的，而是在日常生活中产生的。在生活中父母应当用正确的方法引导孩子，让他们形成积极向上的人生态度。这一观点对后世儿童心理学的发展产生了巨大的影响。

1. 新旧心理学：谁将为儿童心理正名？

在我们对行为主义心理学这一新兴的心理学概念进行研究之前，我们需要对那些旧的在心理学界备受推崇的心理学流派有一个基本了解。行为主义者这样做不是为了让行为主义取代詹姆斯、冯特、屈尔佩、铁钦纳、安吉尔或贾德等声名显赫的心理学家所提出的“内省心理学”在心理学界的地位。他们只是想通过对内省心理学的了解更加清晰地认识到行为主义心理学与内省心理学的区别，并以此对新旧心理学进行鉴定。

通过了解我们发现行为心理学与旧的心理学观念的区别在于：行为主义认为心理学应以人类存在的行为或活动做论题，而旧的心理学则将意识作为心理学的命题。除此之外他们对意识的看法也大相径庭，在行为主义者的眼中意识是脱胎于远古人们对神灵的崇拜，它的存在对人类的成长发展并不具有不可替代的作用。旧的心理学流派则认为人的意识可以产生巨大的能量，这种能量对人们来说是不可或缺的。在行为主义者的眼里，只有通过实验和对事物的观察才能得出科学的心理学理论，但这两者的区别就是新旧心理学的关键，同时他们也是鉴定新旧心理学的主要依据。此外，在行为主义者的眼中，只有科学的实验和观察才是研究人们心理状况的有效方式，其余的方法都不能对人们的心理状况作出正确的判断。但内省心理学家认为，人只要通过自己的身体变化对自己的心灵进行反省，就能对自己的心理状况进行正确的分析和判断。

在心理学的观察对象这一问题上，行为主义学者和内省心理学家也有各自的看法。行为主义学者认为，所有健康正常的人都可以作为心理学研究的被试者；而大部分的内省心理学家，例如冯特、铁钦纳都认为心理学实验的被试者都必须经受一定的内省法专业训练，只有这样才能保证他们对自己心理状况的描述是准确的，可以当作研究数据使用的。此外，行为主义者认为，儿童的心理学研究是心理学研究的重要组成部分，一个人在儿童时期形成的诸多习惯和情绪会对他们的一生产生非常重要的影响。内省心理学家则并不重视儿童心理状况的研究，内省心理学家大师、构造主义心理学的创始人铁钦纳甚至认为儿童心理是没有丝毫研究价值的（行为主义学者认为这一看法是非常荒谬的）。

我相信通过以上内容的介绍，大家已经可以对行为主义和内省心理学做一个简单的区分了。下面我们就来了解一下心理学的重要课题，人的情绪以及行为主义学家和内省心理学家针对这一课题提出的不同观点。

2. 内省心理学的“功过论”

为了让人们更好地了解行为主义的内容和它为心理学的发展所做出的贡献，我们必须对如今人们所推崇的、由詹姆斯（James）、冯特（Wundt）、屈尔佩（Kulpe）、铁钦纳（Titchener）、安吉尔（Angell）、贾德（Judd）等人发展研究的内省心理学进行一个简单的说明，让人们对这一学说存在的不足有所了解。

在原始社会中存在着一群比较特殊的人，他们用自己敏锐的观察能力和非凡的想象力创造出了超自然的能力和神灵，并以此对人们困惑的现象作出解释，获得人们的崇敬。

千百年过去后，这种从事特殊职业的人们不但没有消失，还日益增多。他们创造出了主宰世界的神，并用它们对人世间的一切做出解释。直到文艺复兴时期，人们才开始用自然规律而不是神力对生活中存在的天文、物理现象做出解释。但当他们研究心理问题时，他们仍然赞同教会的观点，认为人是由身体及躯体内的灵魂组成的，并由此提出了二元论。这种情况一直持续到 19 世纪后叶。

1978年冯特的学生们宣称，心理学家已经摆脱了教会对心理研究的影响，使心理学成为一门独立的学科。这个结论让无数的心理研究者欢呼雀跃，但实际上，他们只是用与灵魂一样虚无缥缈的意识说取代了灵魂说，并以此作为一切心理学的基调，创造了许多像内省心理学一样的不科学流派。我们可以看一看铁钦纳是如何定义心理学的。他认为心理学在本质上是一门研究人类生存经验的学科，这门学科存在的意义在于：首先将人类的意识分解为可以通过内省观察到的诸多要素；其次寻找将意识分解出的诸多要素重新进行组合排列的方法；最后在研究人类意识的过程中，将人们意识形态的变化与人们的生理变化联系在一起，通过研究人们的生理性改变对人类的意识情况进行了解。

此外，铁钦纳提出应将人类的意识要素分成意向、感觉、激情三大类。所谓的意向，就是人们对自身过往经历的回想，感觉就是人体的感觉器官对外界环境中的诸多物理要素，例如光线、味道等的感受。当我们问起人们对某种物理现象的感受时，人们不必特意重新接触这种现象，只需要根据印象中的种种感受经验对这个问题作出回答就可以了。激情实际上就是我们所说的喜怒哀乐等种种情感。

我们也可以将这些统称为情绪。铁钦纳认为这些要素是研究人类意识的基础，我们对这些要素了解得越详细，我们对意识的研究就越深刻。因此他将人们的感受、意向和感情详细划分成许多种，并以此来进行研究。

在研究过程中，他提出心理学家只需对意识的存在状态进行研究，而不必对外界环境的变化，即我们所说的刺激投入太多的关注。此外他将内省作为进行试验的唯一方法，他认为只要能够找到受过训练的专业被试者进行科学的内省实验，就能对人们的意识和心理情况有一个充分的认识。我们可以轻而易举地发现这一学说的不合理之处，首先，意识是一种无法琢磨、无法判断的存在，将它作为研究心理学的基础，是无法得出明确的、具有科学性和正确性的心理学结论的；其次，他将内省作为心理学研究的唯一方式，认为人可以用自己身体的一部分对另一部分进行观察，且被观察的一部分在被观察时状态是不会发生明显改变的，我相信这样的说法在任何一个心理研究者的眼中都是极其荒谬的；最后，铁钦纳的结构心理学忽视了心理学在人们生活中的作用，他认为心理学只能让人们对自己的心态更加了解，并不能对人们的生活产生什么影响。他甚至忽视了对儿童心理学的研究，认为孩子没有经历过特殊的训练，他们的意识形态是无法进行观察的，因此不需要关注孩子的心理情况。但通过一定的实验研究我们已经了解到，孩子们的情绪在他们幼年时就已经成型了，这就意味着我们需要格外关注孩子们的心理健康，在他们年幼时为他们建立一个良好的情绪生活基调，只有这样才能让孩子们拥有幸福快乐的一生。

我相信以上种种足以说明内省心理学流派是不科学以及不可取的，它找不到证明自己学说正确性的依据，也不利于孩子们的成长和发展。也许有些人认为铁钦纳的构造心理学仅仅是心理学的一个流派，我们不能用它的不足来否定整个内省心理学，但是实际上，其他的内省心理学流派也一样具有无法判定真伪的缺点。为了证明这一点，我们不妨看看詹姆斯是怎样对心理学做出解释的。在詹姆斯的眼中，心理学是人们用来描述意识状态的学科，但是他却无法说明意识到底是什么，只能将同样无法描述的感觉作为意识的表现形式进行研究，并且将内省作为最终的研究方法。显而易见，这样的研究无法从根本上解释人们心理问题产生的原因，更无法很好地解决这些问题。正是这些不容忽视的缺点催生了行为主义心理学。

3. 行为主义者的任务和研究内容

在经过大量的研究调查后，行为主义者发现，继续以意识这种无法做出判断的概念为基础对心理学进行研究是无法取得具有突破性的研究成果的。他们认为要将心理学的有关问题了解得更加透彻，行为主义者就必须放弃对所有主观情绪的研究，提出自己的心理学公式，对人们的反应和刺激进行研究，这是现阶段行为主义者最重要的任务。

为了达成这个任务，行为主义者对人们的行为进行观察和总结，并运用逻辑和数学的相关知识对这些行为的成因进行研究，并作出与事实相符合的解释。下面让我们详细地了解一下行为主义者的研究内容。

在实验开始的时候，行为主义者对孩子们的行为进行研究。孩子们的行为是一种什么样的反应，代表了他们什么样的情绪。是什么刺激导致了他们的这些反应？为了解决这个问题，行为主义者进行了幼儿恐惧实验。在这个实验开始时行为主义者发现：幼儿刚出生时，只会对声音突然出现和突然失衡这两件事感到恐惧，且幼儿在恐惧时会不断地哭泣，他们会迅速远离让他们感到恐惧的事物。如果这个时候旁边出现了幼儿比较亲近熟悉的人，他们会用手紧紧抓住这个人的衣摆，甚至主动要求这个人的拥抱。这些就是人们比较常见的幼儿恐惧反应，我们将幼儿是否有这些表现作为判断他们是否心怀恐惧的依据。在观察中行为主义者发现人们不仅面对噪声和失衡时会感到恐惧，在面对其他许多东西，比如狼、蛇时也会感到恐惧。那么，是什么让人们增加了这么多后天恐惧呢？为了解决这个问题，行为主义者进一步进行幼儿恐惧实验，在实验中行为主义者发现：孩子们之所以对噪声和失衡之外的事物产生恐惧，是因为我们将因噪声和失衡产生的恐惧迁移到了其他的事物上。换句话说，如果你的孩子对噪声和失衡以外的事物产生恐惧的情绪，必然是因为孩子接触这件事的时候受到了噪声和失衡这两件事情的刺激。行为主义心理学家将这种恐惧称之为条件性情绪反应。举两个例子来说，当一只狗狂吠着将孩子撞倒在地时，孩子就会受到突然失衡和噪声的双重刺激，在这种情况下孩子就会将对噪声和失衡的恐惧迁移到狗的身上；当我们不慎在楼梯上摔下来时，我们会因失衡产生恐惧之情，并在不知不觉之中将这种对失衡的恐惧迁移到楼梯上。这种由先天恐惧迁移产生的对其他事物的恐惧之情就是我们所说的条件性情绪反应。

除了恐惧之外，还有一些情绪也是因迁移产生的，它们同样可以被称之为条件性情绪反应。举个例子，当孩子们受到抚摸时就会产生被我们称之为爱的情绪反应。当母亲频繁地抚摸孩子时，这个孩子自然而然会对母亲产生爱的情绪，这种对母亲的爱也是一种情绪性条件反应。当我们行动受阻时我们会产生非条件性愤怒，那么在生活中假如有什么事情阻碍我们前行，我们同样会产生愤怒。比如说在早上的时候，我们因为堵车而寸步难行，那么我们自然就会产生愤怒之情，这与个人素质无关，完全是受先天性愤怒迁移的影响。

在对幼儿的情绪问题进行观察和研究后，我们可以更好地解释我们的情绪反应是怎样产生的，也可以更好地进行了解。我们明白了家庭会对孩子的情绪产生怎样的影响，以及我们应该如何减少孩子们负面情绪的产生。

除了对孩子进行研究以外，行为主义者也对成人的某些问题进行了研究。怎样才能使成人们养成良好的职业习惯？怎样帮助成人们保持高效的工作水平？成人们有多少情绪反应是在童年时期形成的？有多少情绪反应对他们的生活产生了不良的影响？我们如何消除这些对生活不利的情绪反应？对这些问题的解决有利于成人们更好地适应周边的环境，与身边的人相处得更为融洽。

4. 行为主义的坎坷进阶之路

我相信通过前文的讲述，心理学者已经认识到，行为主义者的观点和内省心理学家的观点是截然不同的，甚至是对立的。正是因为这个原因，行为主义的观点受到了许多人的质疑：他们都在想我们不是该用感觉、知觉和情绪这三种要素对我们的心理状况进行分析吗？这些和我们的反应有什么关系？我们不是应该将看到、听到的东西按照视觉和听觉意向进行分类吗？它们和刺激有什么关系？我们身体的变化怎么可能不以自己的意愿为转移呢？我们怎么可能对发生的事情无动于衷并且不产生任何情绪呢？这个所谓的行为主义不过是无稽之谈罢了，它和我们接受的心理学知识完全不一样。

事实上我并不意外人们会有这样的反应，我很清楚没有任何一样新诞生的东西能在一开始就得到所有人的认可，接受一样新的观点是需要时间的，更何况现在人们对内省心理学的观点心悦诚服，这是他们接受行为主义观点的巨大阻碍。但是，我还是忍不住要为行为主义正名，它并不是内省心理学的解释和发散，它是与内省心理学截然不同的思想观点。我衷心希望大家能够忘掉内省心理学的种种相关术语，听我对行为主义的研究内容和它在心理学上的地位做一个简单的叙述。行为主义者并不赞同内省心理学家将心灵和意识的问题当作研究的中心，他们致力于用方法论对心理学进行研究，并相信这样可以为哲学和社会科学创造出有说服力的心理学依据。我相信这对心理学的发展具有非常重要的意义。现在社会上依然有许多人认为行为主义并不是心理学观点，但行为主义者并不赞同这一观点，他们认为曾经风行的内省心理学已经被行为主义逐渐取代了，其他将意识作为研究中心的心理学也已经退出了心理学的历史舞台。我们相信在未来的日子里，行为主义会风靡整个心理学界，成为人们研究心理学的主要方法。

5. 科学育儿？大多数人都做错了

众所周知，父母的教育对儿童的成长起着非常重要的作用，他们会对孩子的一生产生无法替代的影响。有鉴于此，当我们以行为主义的角度对儿童进行研究时，首先要研究的就是父母教育儿童时所使用的教育观念。现在我们所熟知的教育观念有三种，其中两种是自古流传的，是父母从他们自己的生活经验中延伸出来的；还有一种是近代的父母们在社会改造运动影响下形成的近代育儿科学观念。按照行为主义的看法，前面两种教育方式是不值得提倡的。它们在教育孩子的过程中存在着很大的弊端，但是这两种方法迄今为止仍然被大范围应用。这两种教育方法对孩子的成长产生着极为重要的作用，因此在介绍我们所提倡的科学育儿观念之前，我们必须对这两种教育方式做一个简单的了解。

其中的一种教育方式是只保证孩子能吃得饱穿得暖，对孩子其他生理和心理上的需求则毫不关心，任懵懵懂懂的孩子用他们自己的方式满足自己精神方面的需求。这种教育方式对孩子的成长是极为不利的，如果不信的话我们可以做个实验，如果你去监狱调查犯人的成长经历，你会发现他们大多数都缺少父母对他们人生价值观的引导。由此可以证实父母只关注孩子的衣食住行而不关注他们的心理状况是不可取的，容易造成孩子情感的缺失和行为的偏颇。

另一种教育方法源自父母对孩子的过分宠爱，它表现在父母对孩子身体无微不至的关心，即使孩子身体上有一点点的不适也会令父母如临大敌、惊慌失措，这对孩子的成长是十分不利的。举个例子来说：出生不久的婴幼儿总是格外眷恋母亲的怀抱，每当母亲让他们独自躺在摇篮中时他们就啼哭不止，这时候总有很多母亲会立刻将孩子抱回怀中，以期他们可以重展笑颜。这样循环往复让孩子形成了习惯，即使到八九月大时孩子仍不能适应摇篮，一到摇篮里就会哇哇大哭。很多母亲认为孩子会有这样的反应是出于无知孩童可爱的天性，虽然时常因此而头痛但不会对孩子的要求采取拒绝措施。久而久之，孩子便无法养成自己躺在摇篮中的习惯，从而对孩子的正常生长发育产生不好的影响。事实上孩子生长发育的不良并不是父母过分溺爱孩子造成的唯一恶果，父母的溺爱还可能让孩子变得肆意妄为从而养成许多不良的行为习惯。有些父母并不将孩子的这些不足放在心上，他们认为孩子们之所以在行为习惯上有这些缺点，都是因为他们年纪还小，等到他们长大，自然明白什么事情可以去做、什么事情不可以做，做父母的没有必要过分约束孩子的行为。然而事实并非如此。举个例子，有些孩子在年幼时不懂事，喜欢偷拿别人的东西，这种情况下如果父母因为过分溺爱孩子而不指责他，甚至在别人发现的时候一味袒护自己的孩子，那么这个孩子就会认为这样做没有什么不对，这就难免他日后变成一个彻头彻尾的梁上君子，最终因为偷盗断送自己的一生。

我相信当父母们知道他们的过分溺爱会令孩子的生长发育比别的孩子迟缓，同时还会让孩子变得是非不分肆意妄为时，他们就会后悔不迭、心惊不已了。但过分溺爱带给孩子们的不良影响不止于此，它还会令孩子们的自理能力变得极差，同时也会令孩子们产生过强的依赖性，缺乏自己处理事情的勇气和能力。举例来说，如果一个母亲一直格外关注孩子的衣食住行，在孩子出门前将他需要的一切，包括水、衣服、鞋子都准备好，那么久而久之孩子就习以为常，让母亲为自己料理所有的事情；当母亲不在身边时他们就会显得手足无措，不知道自己怎样做才能将自己的生活打理得井井有条。同理，当孩子习惯了由父母处理自己生活中的一切，他们在生活中遇到难题时他们的第一反应不是想办法解决问题，而是躲避，希望将这个问题交给别人解决。毫无疑问这对孩子的个人发展是极为不利的。诸如此类的例子还有很多。这些足以证明父母对孩子过分关怀的教育方式是错误的，它往往会让孩子养成不良的生活习惯，不利于孩子的成长。

如果孩子们一直被这两种方式所教育，那么我们就不得不对孩子的成长心怀担忧了。值得庆幸的是现在有越来越多的父母接受了现代的科学育儿观念，他们不像第一种教育方式那样只关心孩子的衣食住行，而是从孩子一降生开始就做好准备对这个孩子的一生负责；他们不再将孩子们关于善恶的表现视之为天性使然，而是将孩子们的表现视为自己教育的成果；他们也不会过分溺爱孩子、纵容孩子按自己的喜好行事；他们希望通过自己的教育使孩子们能形成独立健全的人格，拥有完满的人生。

为此在他们成为父母之初，他们就开始向周边的人请教如何成为一个合格的父母以期对自己有所裨益。当他们失望地发现，在他们的身边没有任何一对父母曾经对如何教育孩子的问题做过研究观察，他们对孩子的关注甚至比不上居里夫妇对镭这种化学物质的关注时，他们愿意接受我的建议，通过婴儿实验对孩子进行研究。

事实上这宗研究的进行并不是一帆风顺的，在社会上有许多人对这项研究持反对的意见。他们的反对给这项实验带来了很大阻力，但是我和我的助手一直坚定地相信对儿童的教育是无法无师自通的，我们只有通过科学的实验才能获得教育儿童的正确方法。诚然科学实验并不是完美无缺的，它有一些需要改进的地方，但是我们相信在不远的将来这项实验一定可以取得成果，对孩子的健康成长将起到非常重要的作用。至于那些接踵而来的反对之声，就让现实给他们一个响亮的回答吧。

6. 育儿实验的产生背景及启发

近代以来，父母们已经开始转变他们的育儿方式，将孩子成长的好坏与他们的教育成果联系在一起。他们为了探索如何教育孩子花费了大量的时间和心血，但是他们仍然时常感到困惑：孩子的行为究竟哪些是天赋的本能，哪些是受外界环境的影响产生的呢？父母在幼儿成长的过程中究竟能起到多大的作用？又该如何保证孩子成为一个优秀的适应外界环境的人呢？

对于这个问题我的观点是：儿童所具有的天赋本能在他的行为能力中所占的比例可以说是微乎其微的，儿童的诸多情绪和行为都是在后天成长的过程中受环境的影响形成的。又因为一个人的婴幼儿时期，他所接触的环境主要是家庭，因此父母在孩子的成长过程中所起到的作用是巨大的。甚至可以说孩子就是父母的作品，他们的样子就是父母按自己心中榜样塑造而成的，即使有一天他们离开父母的庇护独自面对外面的世界，父母施加在他们身上的影响也不会因此而淡去。

现阶段有许多心理学家与我的观点截然相反，例如美国的教育学、心理学专家约翰·杜威教授与他的拥护者们认为，孩子们本身就具有创造和发展的潜能，父母们要等到孩子们在生活实践中表露出他们的天赋以后，再因材施教对他们进行培养。我认为这种想法是十分荒谬的，它会使我们错过培养儿童的最佳时期，同时也不利于孩子们尽早选择他们心仪的职业。

为了更有力地驳斥他们的观点，使孩子们得到及时正确的培养，我和助手进行了儿童养育实验，以期为我的观点提供强有力的证据。接下来我会对这项实验进行一个详细的介绍。

在实验之初，我们进行的是有关儿童本能的一些了解实验，例如实验儿童的偏手性（我们可以在幼儿眼前举一根令他们垂涎欲滴的棒棒糖，看他们在抓取时习惯使用哪只手，从而对孩子的偏手性做出判断。）、儿童的条件反射以及婴幼儿的竖头实验。我们从这些实验中可以了解到儿童的生长规律，例如婴幼儿在六个月时可以竖头几分钟。对这些的了解有利于父母对婴幼儿能力的培养。

我们还进行了孩子负面情绪（如愤怒、恐惧）产生原因的实验，在实验中我们发现，孩子对兔子甚至蛇等动物并没有天然的恐惧之感，但是如果你在他触碰这些动物时用重锤敲击他身后的钢管或是忽然紧闭门窗，那么他们会表现得异常恐惧甚至连带害怕身前的动物。这足以表明：孩子对动物的恐惧并不是与生俱来的，他们会恐惧这些动物是因为他们在接触动物时受到了伤害，从孩子的天性出发能令他们感受到恐惧的只有高声的杂音和忽然之间失去平衡，了解这些可以帮助父母避免孩子恐惧感的产生。

除此之外，我们还进行了关于愤怒的实验。实验发现：孩子天性中的愤怒是由于自由行动受到了阻碍，而其他的愤怒大多都是受所接触事物的影响产生的。

通过这些关于负面情绪的实验，父母可以在一定程度上有效避免孩子不良情绪的产生，这有利于孩子养成较为良好的行为习惯。

在实验结束时，我们可以得出这样的结论：孩子的许多反应不是天生就有的，它们是通过后天的培养产生的。即使是人类的感情也是在不断地呵护和接触中培养出来的，由此我们有理由相信：与天赋相比，后天的培养显得更加重要，我们完全可以通过后天的培养将我们的孩子培养成栋梁之材。

此外我们需要注意的是，任何培养都需要把握一个尺度，超过这个尺度反而会对孩子产生不利的影响。举个例子来说，如果父母为了与孩子培养感情，与孩子产生过多的肢体接触，那么很有可能导致孩子对父母的过度依赖，不利于他们将来的成长。

为了使父母们更加恰当地对待自己的孩子，本书会在后面的章节里详细叙述孩子的负面情绪产生的原因及应采取的措施，以期父母对孩子的培养可以达到预期的效果。

Part 03

行为研究——出生资质与外部环境的共同作用

儿童行为的研究，可以从婴儿的行为观察研究开始，或者更早一些，从婴儿未出生前，也就是婴儿在子宫内的行为活动的研究开始。但是，想要对人类的婴幼儿进行研究，在当今社会当中，仍然有着很大的阻力。不过行为主义者还是想办法克服了其中一些困难。

行为主义者通过研究发现，婴儿的一部分行为能力是在其出生之前或出生之时，就已经具备了的。为了证实这一点，行为主义者对不同的新生儿进行了观察和研究，并且对观察和研究的结果进行了记录，从中获得了一组非习得反应的粗略事实。关于胎儿在子宫内的活动，行为主义者也从苏黎世大学的闵可夫斯基那里了解了许多宝贵的知识。

在行为主义者看来本能是不存在的。所谓的本能，多是训练所得，属于人类的习惯行为，儿童的行为也受到父母、家庭、学校、社会等各方面的影响。我们从这一角度出发，分析了儿童行为差异的原因，并且给大家提出了一些可以借鉴的建议。

1.“不理解”成为研究儿童行为的重大阻力

想要了解人类婴儿和幼儿时期都发生了什么，我们只能通过对人类生活史进行研究，才可以得出结论。当然，这就是告诉我们，需要从人类的新生儿开始进行研究。不过，我可以告诉你们，其实相对于人类的幼儿来说，我们对其他动物幼崽的了解要更多一些。在过去的25年里，几乎每一种动物幼崽的情况都被研究动物行为的学者们收集到了，可是我们人类幼儿的情况却没有。

曾经，我们与幼年的猴子生活在一起，也观察了幼年的老鼠、幼年的兔子，还有各种幼年的鸟，我们还观察了幼年的小狮子和幼年的梅花鹿。在实验室中我们看着它们从出生到成熟，看着它们一天天地成长起来。我们甚至还去动物们的栖息地去进行观察，为了了解动物们在自然环境中的成长历程，也为了核查我们实验研究的结果。

在进行了这一系列的研究之后，对于动物的非习得性资质和习得性资质，我们有了比较深刻的了解。在对各种动物进行了研究之后，我们发现，想要通过从一种动物那里收集而来的资料来描述另一种动物是靠不住的，因为一种动物的资料并不适用于其他动物。举个例子，豚鼠从一出生，身上就生着一层厚厚的毛，而且它的运动反应（Motor Response）也非常完整。小豚鼠从它出生的第三天开始，就可以不再依赖母豚鼠独自生活。但是，换作是白鼠的话，情况则是大大的不同。它出生以后各方面都十分的不成熟，它在出生30天以后，对于母白鼠的依赖才开始结束，白鼠的幼儿期相当长。豚鼠和白鼠同属啮齿类动物（Rodents），关系这样接近，却在出生资质方面有这样巨大的差异，这也向我们说明了想要通过对动物行为的研究来推测人类幼儿的行为，是一种十分不可靠的方法。

同时，通过这些研究，我们也可以了解到，只是通过观察一个成年人的行为，就想在这一系列的行为中找出哪些是习惯行为、哪些是非习惯行为，几乎是不可能的，没有人能做得到。不过值得我们庆幸的是，因为这些研究，我们了解了如何来研究人类的幼儿。

看着成千上万的儿童挨饿受冻，看着他们在混乱不堪、四处散发着浓烈腐臭味的贫民窟里艰难成长，似乎已经成为一种习惯，人们对于此种情形毫不愤怒，甚至熟视无睹。可是，一旦让行为主义者开始尝试进行孩子实验的实验研究，哪怕仅仅只是开始系统地观察，人们都会对他的目的产生相当大的误解。还有，当这些被观察的孩子的父母知道这件事情以后，他们会变得激动起来，甚至愤怒。孩子并没有生病，而这位行为主义者也不是在推行一种临床研究方式，那么这么做对他有什么好处？对孩子是不是会造成伤害呢？人们对于自己不了解的事物，总是习惯性怀着最大的恶意去揣测、去批判。他们对你正在做的事情一无所知，而你又不知道如何使他们理解你的目的、了解你正在做的事情。这些都是研究人类幼儿行为过程中的巨大阻力。

我们在约翰·霍普金斯医院（Johns Hopkins Hospital ）进行研究工作的时候，就遇到了这样的困难。不过，幸好约翰·霍普金斯医院院长惠特里奇·威廉姆斯博士(John Whitridge Williams)博士和哈里特·兰恩医院（Harrit Lane Hospital）内科主任医师约翰·豪兰(John Howland)慷慨无私，为我们的研究工作提供了令人相当满意的研究条件——对婴儿的心理考察成为在该医院出生的所有婴儿的日常常规工作。

一个研究者在生理学和动物心理学上的知识不牢固，也是对婴儿行为研究的一个阻力。一个人如果没有在生理学和动物心理学上受过专业训练，那他也不应该对婴儿开展工作。在他的工作将要进行以前，他必须要到这家医院的育儿室接受训练，只有这样才能了解这些与婴儿相关的东西哪些是安全的、哪些是不安全的。同时还需要在进行观察记录前，先观察分娩的过程。只有这样，他才能了解到，婴儿所能忍受的这些磨难是非常多的，而且他还不会在拉扯之下丧生。

2. 知道吗，儿童行为在出生之前就已经被影响了

对于胎儿来说，他在子宫内的位置，在其出生以后相当长的一段时间内都影响着其运动和姿态。

苏黎世大学（University of Zurich）的闵可夫斯基（M.Minkowski）的观察表明：2~2.5 个月大的胎儿，其运动多表现在头部、躯干和四肢部分。运动是缓慢的、不对称的、无节律的和不协调的，且运动的幅度不大，但是对于皮肤的刺激反应和对四肢位置变化的反应却都是存在的。胎儿的心跳现象早到第三个星期就开始出现了，肾腺也在第五个月末开始发挥作用。

惠特里奇·威廉姆斯博士 (John Whitridge Williams) 在描述胎儿在子宫内的位置问题的时候说："暂且不论胎儿与母亲之间大概存在的关联，在妊娠期之后的几个月，胎儿选取了一种独特的姿势，这个姿势被人们描述成胎儿的态度（Attitude）或者习惯（Habitus），作为一个一般规律而言，可以说胎儿形成了一种卵圆团块。这个形状大致与子宫腔的形状相同。所以，胎儿就这样合拢或者弯曲，结果让自己的背部呈现出明显的凸圆形，下巴也因为头部屈曲得厉害差不多接触到胸部了，大腿曲向腹部，双腿在膝关节的地方弯曲，双足的足弓部也至于双腿的前部。双臂一般交叉置于胸前或者平行放在身体两侧，而脐带则是位于双臂和下肢间的空隙。胎儿在整个妊娠期内都一直保持着这种姿势，尽管这种姿势常常因为四肢的运动发生变化，头部有时候也会伸展。这种颇具特征的姿势一些是因为胎儿生长的方式，一些是来自胎儿与子宫轮廓间的适应过程。"（Obstetrics 产科学）有一点我们尚不明确，那就是胎儿在子宫内位置的轻微差异是否会影响甚至决定个体后来惯用右手或者左手。若确实如此的话，那么肝脏位于身体右侧的婴儿，出生后应该惯用右手。可是，数百名婴儿的记录

表明情况并非如此。

通过对婴儿的研究，胎儿结构所起作用的最佳信息，我们是可以获得的。6个月便出生的早产婴儿，不仅会发生痉挛式的呼吸，也会做出一些发育不全的运动，不过这类婴儿很难存活下来。从第7个月开始，一直到妊娠期满出生的婴儿，是可能存活的。这类婴儿在出生时，表现出常见的出生资质，这就为我们提供了一个事实依据——从第7个月开始，已经有许多结构存在于胎儿身上，当这些结构一旦受到合适的刺激，就准备发挥作用。譬如，当空气冲入婴儿肺部，其便开始呼吸；割掉婴儿脐带，其便开始了完整而独立的血液循环和净化活动；独立的新陈代谢作用，也表明内脏系统准备在婴儿体内发挥作用了；等等。

3. 幼儿的非习得反应与新生儿活动

为了更好地得出结论，我们对数百名刚出生的婴儿开始了为期30天（从出生第一天到第一个30天为止）的日常观察。不仅如此，我们还对少数婴儿出生后第一年的生活进行了观察。我们从中获得了一组关于非习得性反应（Unlearnd Response）的粗略事实。

打喷嚏：这种现象从婴儿刚刚出生就出现了，并且表现得非常成熟，这种打喷嚏的现象有时候甚至比婴儿啼哭还要早一步出现。打喷嚏这一反应，从婴儿出生开始，便伴随其一生，成为他这一生中积极活动的反应之一，习惯因素对它的影响确实非常小。直到今天为止，对此还未曾进行过任何试验。我们还不能确定在经过充分的条件反射实验之后，人是不是还会一看到胡椒盒子就会打喷嚏。至今我们还没有很充分的理由来解释为何正常的机体刺激会引起打喷嚏的情况。当你把婴儿从凉爽的房间抱到闷热的房间，婴儿就会打喷嚏；在室外阳光的照射下，婴儿也会有很明显的打喷嚏的情况。

打嗝：婴儿打嗝现象，通常发生于出生后的第 7 天起，刚出生时通常不会发生这种现象。不过也有例外，我们对 50 多个婴儿进行了仔细的观察，发现的最早的打嗝现象是在婴儿出生后的第 6 个小时。我们通过研究可以了解到的是，一般情况下，打嗝反应在日常生活环境中很难建立起条件反射。打嗝现象的出现，在通常情况下，是因为胃部充满食物后对横膈膜产生了压力，才引发这一现象。

啼哭：啼哭呼吸机制是随着空气冲击两肺和上呼吸道黏膜而建立起来的，而出生的婴儿啼哭正是发生在呼吸作用建立之时。如果没有空气的刺激，那么双肺就不会充气膨胀起来。有时候为了建立呼吸作用，医生在婴儿出生后，会将婴儿浸入冰水中，或者拍打婴儿的背部和臀部——这些是为了让婴儿啼哭。以上这些方法都是建立呼吸作用的常用方法。不过，不同婴儿的啼哭现象也表现出很大的不同。

许多情况会引起婴儿啼哭，如饥饿、有害的刺激、手术、粗暴地触摸等。一些小婴儿抓住成人的手指被吊起来时也会啼哭。而这类情况会很快使条件反射形成。然后，婴儿迅速知道了他可以通过这种方式，来控制关心照顾他的父母等人，使之成为一种武器，并在日后的生活中经常使用。婴儿早早出现了啼哭现象，但不是每次啼哭都会流眼泪，哪怕在婴儿出生后的 10 分钟就可以观察到眼泪。我们发现，一般出生 4 天后的婴儿就有流眼泪的现象存在。由于眼泪在控制父母等人的行为上比干哭更有效，所以，眼泪也非常快速地形成了条件反射。

关于育儿室里的一名婴儿的啼哭是否会引起其他婴儿啼哭的现象，我们进行了调查实验，得出来的答案是否定的。我们为了能够更彻底地控制这些条件，制作了一名爱哭婴儿的留声机唱片，我们把留声机凑近一名睡着的婴儿，并在他跟前播放，然后又把留声机放到一名醒着的婴儿跟前播放，结果得出来的答案依旧是否定的。

引起婴儿啼哭的还有另一个与其他类型啼哭不太一样的原因，那就是腹痛引起的一组有害刺激。腹腔中的气体对腹腔造成的压力导致了腹痛的出现，婴儿在饥饿时引起了啼哭，而因饥饿而引起啼哭时的一组肌肉，没有办法为腹痛引起的啼哭所利用。所以婴儿腹痛的啼哭和饥饿引起的啼哭有着十分明显的不同。

阴茎勃起：这种情况从出生起就有。这是由怎样的一组刺激所引起的，至今仍旧不明确。不过我们很容易发现，当刚出生时候男婴受到辐射热、热水的刺激或者来自尿液的压力，会出现阴茎勃起现象。而且在之后的人生里，这种情况通过视觉刺激，还有与之类似的东西形成了条件反射。至于哪个年龄阴茎勃起成为一种条件反应（Conditioned Response），这个我们仍然不知道。

撒尿：这是一种从出生就已经开始的情况。这种无条件刺激（Unconditioned Stimulus）是由于膀胱里尿液的压力所致。在婴儿出生后的第 2 个星期，撒尿动作就会形成条件反射。让这么小的孩子形成条件反射并不容易，需要成人有足够的耐性来帮助其建立。我们可以对婴儿的情况保持密切观察，如果发现婴儿的尿布仍然干爽，就要将他抱起来并放在尿壶上，这时孩子的膀胱如果已经十分充盈的话，则会由于坐姿产生的压力，形成很强的刺激，引起撒尿的动作。经过多次尝试，这样的条件反应便会建立起来。

排便：排便的刺激一般是为了降低结肠里的压力。婴儿一出生，这个机制就已经完善了，并且在婴儿出生前的几星期里就差不多完善了。排便所形成的条件反射很早，它可以表现在一个很年幼的孩子身上。形成这一条件反射也需要采用一些方法，比如，将婴儿放在便壶上以后，在他的肛门里插入肥皂栓塞剂，然后反复去做，之后与便壶接触就能够形成引起反应的刺激了。

早期眼球运动：在婴儿出生后，将其抱进暗室，让他平躺并且头部保持水平状态时，其双眼会朝向有光的方向。不过，刚出生时，眼球运动还不能够很好地协调，通常最先出现的是左右眼的协调运动，眼球的上下运动则会出现得稍晚一些。经过一段时间之后，你拿一盏灯在婴儿眼前绕圈时，你会发现，他的眼睛会跟着转圈。事实证明，眼睑和瞳孔的运动也可以形成条件反射。

微笑：微笑能够在婴儿出生的第 4 天便出现。当婴儿被喂饱后，大人轻触他身体的一些部位或轻轻摇动他的身体等，都会引起微笑。所以，微笑可能是由于出现了动觉与接触刺激。微笑存在的条件反射的因素大约出现在婴儿出生后的第30天。玛丽·卡维尔·琼斯（Mary Cover Jones）夫人在对一大批婴儿进行观察研究之后发现，当实验者对着婴儿微笑的时候，或者说话语气比较孩子气的时候，婴儿就会微笑，这样的情况大约出现于婴儿出生的第30天。当然也有婴儿的微笑反应出现得比较晚，琼斯夫人的185个研究案例中，最晚出现的大约是在出生后的第80天。

动作反应：我所说的动作反应（Manual Response）是指头部、颈部、躯干、手指、手臂、腿部的不同运动。

转头：有很多刚刚出生的婴儿被脸朝下放在床上时，他们会把头部向左或向右转动，并且可以把头抬起来。我们的观察发现，出生30分钟的婴儿就出现了这种反应。

当婴儿被直抱时，能支撑头部：实验者将刚出生的婴儿抱在膝上，让其腹背部受到支撑，有的新生儿可以将头部支撑起几秒钟。这种情况随着头部和颈部肌肉的发展而变化。由于结构的发展，这种反应能迅速改进。在一般情况下，绝大部分的婴儿在出生第6个月，就能够将头部支撑起来。

手部运动：很多婴儿在刚出生时，就会有明显的手部运动出现。比如将双手合拢或者放开，再或者同时伸展双手手指等。不过在这种手部运动里，大拇指不参与其中，它一直都是合拢在婴儿的手掌里。这种现象会持续很长一段时间，大约在婴儿出生的第100天左右，婴儿的大拇指才会参与到手部运动中。

手臂动作：一般来说，想要引起手臂、手腕及肩部运动的方法十分简单，只要在皮肤的任何位置进行轻微刺激，就会引起这些动作的出现。很明显，动觉和机体刺激是能够引起这些反应的，如同视觉、听觉以及触觉一样。婴儿能够将他的双臂举高至脸部，甚至头顶，也能够将手臂下垂至腿部。不过从一般情况来看，无论刺激到婴儿什么地方，他基本都会将手臂先朝着胸部和头部的方向伸去。如果你捏住婴儿的鼻子，那么他的双臂与双手会产生相当激烈的运动。他们的手臂会在几秒之内，用力地向上举，直到接触到你的手为止。若是你抓住婴儿的一只手，那么他也会将另一只手也举起来。

腿和足的运动：婴儿刚出生时有个很明显的动作，那就是踢。你可以通过接触婴儿的脚底，或用冷、热空气与皮肤接触，以及直接通过动觉进行刺激，从而引起他的这一反应。如果提起他的左腿，使这条腿伸直，再拧一下膝盖，这个婴儿的右脚就会踢过来，并且接触你的手指。早在婴儿出生时，这种腿足运动便完美地产生了。

躯干、腿、脚和脚趾的运动：我们通过观察发现，不管婴儿是用他的哪一只手将物体抓住，并使得自己悬挂起来的，他的臂部和躯干都会明显出现“爬”的运动。我们可以看到在这一系列的运动中，婴儿先把腿部与躯干向上方收缩，之后是一个短时间的放松，紧接着又开始收缩。如果你用热水刺激婴儿的脚，或者给他的脚挠痒痒，那么他的脚和脚趾都会出现很明显的动作反应。有一种可变的反射（Variable Reflex），被称作巴宾斯基（Bablnsky）反射，如果你用一根小棉签对婴儿脚底进行刺激的话，那么他就会产生这种反射特征。其一般表现为大脚趾外伸或上翘，其他脚趾弯曲或下缩。巴宾斯基反射消失得比较早，在婴儿 1 岁结束的时候就会消失。当然在个别婴儿身上，巴宾斯基反射持续长一点时间的情况也会出现。婴儿的脚趾没办法勾住物体，当你在婴儿的脚趾底下放上一根金属线或其他小圆棒后，他的脚趾就会合拢起来。但是如果婴儿因此而感到一丁点儿的压力的话，他就会摆脱圆棒或金属线。

刚出生的婴儿，被脸朝下放在坚硬的平面上，他们基本上都可以脸朝上背朝下地将自己的身体翻转过来。对于这种现象，布兰顿夫人描述过一个例子，他们将刚出生 7 天的男婴，脱光衣服放在坚硬的平面上，这个婴儿他可以一而再，再而三地脸朝上背朝下地翻过身来。相同情况下，女婴就会立刻开始啼哭。并且她在啼哭的时候，会发生腹部和背部以及腿部、手臂、肌肉的放松和收缩现象。首先，她会提拉双膝，收缩肌肉，然后又使肌肉放松。由于身体两侧的活动不对称，慢慢地她的身体会呈侧躺的姿势，最后经过一阵肌肉痉挛，她方才翻过身来。这一过程仅仅持续了 10 分钟。

有数百次的反应出现在这样一次翻身行为中，我们能在其中看到习惯的迅速参与，并在其他部分反应出现又相继退出后愈加明显。不过，想要用很少的肌肉力量使身体翻转过来，婴儿要再花上一些时间才可以学会。

喂食反应：如果我们对处于饥饿状态下的婴儿进行刺激，比如触摸他的嘴角，他的头部会很快出现反应，并竭力将自己的嘴贴近刺激源。我们的观察发现，在婴儿出生的第5个小时后就会出现此种现象。当你用指尖轻轻触动熟睡的婴儿的嘴角，就会让他的嘴唇和舌头马上进入喂食的状态。事实上，只要在出生时没有发生明显的伤害，婴儿在出生第一个小时后，就会有这种表现。这种喂食反应并非单一，它有着许多的动作，比如吸吮、吞咽等。除个别情况之外，婴儿的这一机制都是十分完善的。

喂食反应这种条件反射的形成相当容易，而且用奶瓶喂养的孩子表现得更为明显。还不能够伸手拿奶瓶的婴儿，在看到奶瓶时，他的整个身体都会出现异常躁动的情况。等到他能够拿奶瓶的时候，在看到奶瓶后，他的身体会剧烈运动，然后就会开始啼哭。而视觉刺激对婴儿所产生的作用也很强烈，在婴儿看到奶瓶的时候，就会出现反应。可见，还有很多相关因素也会对喂食产生条件反射。

爬行：爬行是一种非决定反应。我们发现，婴儿在爬行中所表现出的行为不尽相同。通过多次的实验观察，我们认为，婴儿的爬行主要是一种习惯形成的结果。我们将婴儿的脸朝下放在床垫上时，进行触摸和动觉刺激，此时会发现由于婴儿的两侧身体活跃性不一致，使他产生了绕圈运动（Circular Motion）。一个9个月大的婴儿产生的绕圈运动已经能够持续好几天了，但除此之外却没发现这个婴儿有任何更进一步的活动。也就是说，除了绕圈运动，我们没看见他的任何进步。在这种绕圈运动中，婴儿身体的运动方向也是无规律的：他有时候会向左运动，也有时候会向前运动。假如在这些运动中，引发了婴儿对某种物体抓握并操作的动作，那么就会促使他朝着这一物体爬行，从而形成习惯。也就是说，想要教会婴儿爬行，只要让爬行与刺激物建立关系就行了。我们采用了以下的实验方式对此进行研究：我们先将婴儿放在地毯上，把他的双腿伸展开，之后在他脚趾所能触到的最远处做好标记，然后在他双手够不到的位置，放上一个奶瓶。如果在试验结束前婴儿仍然没有爬行行为的话，那么我们可以采用一些其他办法，促使婴儿一般身体活动的发生。

站立和走路；儿童的直立行为，首先依靠支撑来完成，之后是丢掉支撑也可自然直立，再是走路，最后是奔跑和跳跃。奔跑和跳跃的起点就在“伸肌延伸”的发展，这种机制发展得非常缓慢。伸肌的延伸在婴儿生长的前几个月里并不会显现。几个月以后，大人经常会有一种举起孩子，使孩子的双脚一部分与地面接触的举动。这种举动使得孩子的双脚承受了一些身体重量，双腿的肌肉变得坚硬。用不了多久，孩子就会开始试着自己站立，我们可以看出，孩子的站立行为是在这种反射出现之后才出现的。有很多婴儿在 7~8 个月时，就可以在很少的帮助下自己站直了，并可以通过抓住某种物体作为支撑，使自己在短时间内处在站立的状态。等孩子这一行为比较熟练以后，他就开始了他下一步行为动作——通过抓住某种物体四处走动，最后开始独立行走，迈出他的第一步。婴儿的体重、健康、是否有过很大伤害的跌倒情况都是影响儿童独立行走的因素，因此，每个孩子独立行走出现的时间都不尽相同。一般来说，到了一周岁的时候，孩子就会迈出第一步，当然也有迟一段时间的情况出现。我所观察的婴儿中，第一步跨出最早的，是在他出生后的十一个月零三天。在独立行走的第一步跨出后，孩子接下来还要学会其他行为，以使自己的身体保持平衡不至于摔倒，就像年轻人学习滑冰一样。由此可见，有两个因素在站立和走路这一过程中同时起作用：一是身体的成长发育，一是习惯的形成。我们可以看出，通过训练，行为能够被加以促进，但是，在遭遇到一些消极反射的情况下，比如跌倒受伤，行为也会在该阶段出现明显停滞。

游泳：我们把新生婴儿放入与他体温相同的水中，头露出水面，他基本没有任何反应。如果换成冷水，婴儿的身体则会发生剧烈反应。但是，游泳的动作不会出现。由此可见，游泳是需要通过学习才可以的。在一个孩子已经确立好了手、手臂、躯干、腿等组织的良好行为以后，他才能去学习游泳。

抓物：除个别情况外，大多数新生儿能够用自己的一只手来支撑住自己的体重。我们将一根小圆棒放在婴儿手里，这个小圆棒的直径相当于铅笔，再使他的手指合拢，婴儿会抓紧小圆棒，并开始啼哭。在这一过程中，婴儿可以凭借手中紧紧抓住的一节小圆棒，把自己的身体整个提起来，悬挂其上。这种状态持续的时间有时很短暂，有时可以持续 1 分钟以上。这种状态的持续时间在不同的日子会有很大不同。这种反应从出生起会一直持续到大约第 120 天的时候消失。反应的消失时间幅度有很大的变化，有的婴儿从第 80 天就消失了，有的在第 150 天时才会消失。

眨眼：玛丽·卡维尔·琼斯夫人发现的最早一例眨眼反应是婴儿出生第 40 天，而我所见最早一例则是在第 65 天。在对新生婴儿的观察中，我们可以发现，当婴儿的眼睛被触及，或有气流冲击眼睛的时候，他的眼睑就会立马合上。当某样物品快速穿过他的视野时，则不会出现眨眼现象。很多婴儿在第 80 天时，对他实施刺激也不会使他眨眼。但是，等到了第 100 天左右，只要对婴儿实施刺激且刺激的持续时间在 1 分钟以上，无论是在什么时候，婴儿都会眨眼。

手的惯用性：婴儿在子宫内长期所处的宫内位置是导致手惯用性的最可能的原因，这一点我们曾经指出过。我们先通过特殊仪器对婴儿的手掌、手腕宽度等方面测量，从中我们了解到，左右手之间并不存在很大的差异。而每一种我们所观察到的差异，是小于测量之中发生的平均误差的。我们还通过在一个特定时间段内右手和左手进行操作的总量测量中发现，左手和右手各自的操作也很少存在明显差异。除此之外，我们在伸手取物这一动作建立后，又使用了呈现物体的方式来测试。我们的研究结果表明，孩子出生 150 天到 1 周岁的这段时间内，找不到证据能够确定稳定、一致的手的惯用性。这些婴儿对手的使用，有些时候左手多一点，有些时候右手多一点。

4. 婴儿与生俱来的非习得性资质

对于人类的非习得性资质的研究才刚刚开始，但是我可以对这种即将看到的此种活动类型和研究此种类型的方法有一个完整的印象。

在婴儿刚刚出生或者是出生后不久，所有的已建成的临床神经学（Clinical Neurology）的信号的反射，如膝跳反射、瞳孔对光的反应等，我们几乎都可以发现。

婴儿的呼吸、心跳以及所有的循环现象都是从出生啼哭后开始的，我们都可以看到。吮吸、舌部运动、吞咽、饥饿痉挛、整个消化道中必要的腺体反应、排泄等这些消化道的有关的情况我们也可以看到。

我们可以在婴儿用双手把自己悬吊起来的时候观察到躯体的一般运动和头部与颈部的一般运动。这时候，有节奏的“爬行”运动出现了。婴儿在呼吸的时候其躯干的活动，婴儿啼哭、抬头、转动躯干、翻身、撒尿、排便时候的活动，我们都可以观察到。

我们能够看到，婴儿的手指、手、手腕、手臂几乎无时无刻不在运动。婴儿的双手总是重复抓物的动作，反复地张开、合拢双手，两只手臂胡乱地挥动，有时候也会把手指或者手塞入口中。当你捏住他的鼻子的时候，他会把他的手臂和手指伸向脸部等。

我们还能够看到，婴儿在醒着的时候，他的手指、双腿、脚踝、双脚也几乎无时无刻不在运动着。如果是在婴儿睡着的时候，一旦出现外部和内部的刺激，也会发生运动，比如弯曲膝盖、踝骨转动、足趾展开等。若你用钝尖的物体在婴儿脚底划过，那么你就会看到非常有特征性的足趾运动，也就是巴宾斯基反射（Bablnsky Reflex）。如果你在他左膝上拧一把，那么他的右脚就会抬起至刺激点。

眨眼、伸手取物、手的惯用性等这些活动会出现在稍后的阶段。我们很难说明后来出现的这些活动有多少动作是因为条件反射或者训练所产生的。毋庸置疑的是，结构方面生长的变化占了大部分，其余部分才是训练和条件反射的原因。

5. 本能与习惯，谁能更好地掌控儿童的行为?

幼儿人类心理学的核心问题，就是人出生时的行为能力。人生来都是具有特定结构的，所以人从出生就用一些方式诸如呼吸心跳等对刺激做出反应。通常，这种类型的反应对每个人都是一样的。不过，也存在着一些变异（Variation）的情况，尤其是在结构上的变异，我们称之为“非习得性行为”（Unlearned Behavior）。

与现今心理学家和生理学家所说的“本能”反应一致的东西并不存在于这些简单的人类反应中间。可以说，对于我们而言本能是不存在的，而我们习惯上说的“本能”多为训练的结果，属于人类的“习惯行为”（Habitual Behavior）。

所以我的观点更倾向于能力（Capacity）、才能（Talent）、气质（Temperament）、心理构造（Mental Constitution）和性格（Characteristics）等都是婴儿时期训练出来的结果。举个例子，行为主义者不会说：“他继承了他父亲优秀的剑客才能。”而是会说：“这个孩子眼睛非常像他的父亲，体格也同他父亲那样，他的父亲十分爱他，在他1岁的时候就给了他一把小剑，在教会他走路的同时教给了他如何使用这把剑来进行攻击和防守。”由此可见，早期的训练是儿童有成人行为样式的原因。

我们需要将人作为一个整体的动物来探讨。一个人在反应的时候，他的身体每一部分都有反应，比如呼吸、走路、爬行、跑步、哭叫等，这些都是需要整个身体参与的。

人类是拥有两条腿、两条手臂、两只灵巧的手的灵长类哺乳动物，有着九个月的胎儿期，很长的婴儿期，发展缓慢的童年期，大约八年的少年期，整个生命进程大约七十年。

我们可以看到，在热带生活的人们，总是喜欢把身体裸露在外面，吃野生水果和容易捕获的动物；在温带生活的人们，总是住在有暖气的房子里；在北极地区生活的人们，总是穿着厚厚的毛皮大衣，住在冰雪做成的房子里。不同地区生活的人们总是有着不同的风俗习惯，也做着不同的事情。比如在中国，人们习惯使用筷子，而一些欧洲的国家，人们使用刀叉。

那么是不是不管哪个地区的人，出生之时都有着同一组刺激所引发的同一组反应呢？换言之，是不是600万年前出生的人和公元1925年出生的人，都有相同的“本能”习惯呢？是不是不管他出生在棉花地还是欧洲华贵的卧室都能够有着相同的“非习得资质（Unlearned Equipment）”呢？回答这一问题的学者是发生心理学家（Genetic Psychologist），可是由于掌握的资料太少，他们也不愿去面对这个问题。他们只能老老实实的回答：“的确如此，以考虑到个人差异为前提，不管其父母的社会地位、出生在哪个地区以及这个出生地是否历史悠久，人在出生时的确会有一些特定的相同反应。”

那么，遗传是不是没有任何影响呢？优生学（Eugenics）是不是不值一提呢？难道出生时没有任何优势可言吗？人类在进化过程中就没有丝毫进步吗？现在让我们带着这些疑问，更加详细地考察。

当然，父母是黑人的话，生出来的也是黑人孩子；父母是黄种人的话，生出来的也是黄皮肤的孩子；父母是白种人的话，生出来的是白种孩子。不过这些差异多少与皮肤中的色素有关，相对而言这些差异都很微小。除非你宣称种族的差异大于个体差异，导致他们的行为差异的产生。

那么，如果孩子父母形体有异常，会对出生的孩子产生什么影响吗？这些是不是可以证明孩子会遗传其父母形体结构上的特殊之处呢？答案是肯定的。

很多变异都会跟随族系传下去，出现在后代的身上，比如头发颜色、眼睛颜色、皮肤质地等。如果父母或祖父母身上有这种特征，那么他们的后代也会出现同样的特征。

形式和结构上的遗传差异我们是承认的。有的人生来声音尖细，有的人生来手指纤长，有的人生来皮肤柔嫩，有的人生来高大威武，这其中的差异都源于父母的种质（Germ Plasm）。不过，早期脱发、寿命长短、是否生双胞胎等这些是不是也会遗传呢？这些问题有的生物学家已经给出了答案，有的尚在研究，但是你的思维不要被这些遗传事实所扰乱。有时候遗传结构的一些特征，除非是将后代放在特定的环境里，给予特定的刺激和训练，否则一辈子也不会表现出来。遗传结构虽然有成百上千种表现形式，最终取决于孩子所成长的环境。比如，铁匠的胳膊，健美杂志上的人的肌肉等，他们的形体结构在一定程度上就是由他们的生活导致的。

6. 所谓“天赋”是否应归因于遗传？

“如今，我们需要讨论的是，心理特征会不会遗传呢？难道伟大的天才不是遗传的吗？难道犯罪的倾向不是遗传的吗？答案是肯定的，我们能够证明这些是可以被遗传的。”这一种观念是陈旧的，因为我们都知道是因为婴儿早期的生活差异造成了这种情况。人们常常会这样说：“看，那些音乐家的孩子也都是音乐家，卫斯理·史密斯（Wesley Smith）是大经济学家约翰·史密斯（John Smith）的儿子，父亲是什么样子的人，孩子就是什么样子的人。”对于行为主义者会怎样回答这个问题，相信你是懂得的。行为主义者认为才能是不存在遗传问题的。

卫斯理·史密斯之所以会成为一个经济学家，是因为他从小就与他的父亲接触频繁，而且生活在与政治经济等问题相关的一个环境中。其实这个跟律师、医生或者政治家的孩子会很自然地走上这条道路是一个道理。如果孩子的父亲是个扫大街的工人或者鞋匠，那么这个孩子并不会那么轻易地选择与父亲相同的职业。那为什么许多孩子都有十分优秀的父亲，却只有卫斯理成名了呢？难道只有他继承了他父亲的才能吗？不，这其中或许还有无数的原因。

我们假设约翰·史密斯有三个儿子，他们生理学和解剖学上的躯体结构都是相同的，每一个都表现同另外两个相同的习惯。他们都从出生 6 个月开始就致力于经济学的研究。最早出生的卫斯理·史密斯与他的父亲亦步亦趋，深受父亲的宠爱，于是他在父亲的细心教导之下，最终赶超了父亲。在卫斯理·史密斯出生两年之后，第二个儿子出生了，但是父亲依旧喜欢他的大儿子，于是二儿子无法亦步亦趋地跟着父亲学习，他受了母亲的影响，早早放弃了经济学步入了社会。之后又过了两年，第三个儿子出生了，可是没有人喜欢他、关心他，父亲喜欢大儿子，母亲喜欢着二儿子。第三个儿子同样也是学经济的，可是他没有父母的照顾与指导，终日与仆人为伍。在他 12 岁的时候受一个司机的影响成了同性恋者（Homosexual），之后他与邻居狼狈为奸，当了一个小偷，最终吸毒上瘾死于疯癫。

我们假设这三个儿子之间没有任何遗传上的差异，他们出生时候的机会也都是均等的。若是他们三个人都分别娶了家室良好的妻子，他们每一个人都会成为健康可爱的孩子的父亲。

你也许会说，那些创作出经典旋律的音乐家，那些寥寥数笔便可描绘美景的画家，或者班上那些一直都名列前茅的学生们，他们难道不是生来就有异于常人的天赋吗？难道不是他们的父母赋予了他们成为“天才”的良好的遗传基因吗？父母的许多行为特征，比如数学能力、绘画能力、音乐能力等，都可以传给后代，这是发生学已经证实了的。但在我看来，这种观点是在旧“官能”心理学（Faculty Psychology）旗帜下得出的，我们无须太过看重这一些结论。下面我会向你们证明，可称为“才能”或者“本能”的行为“官能”的“立体模型”（Sterotyped Patterns）都是不存在的。

父母辛辛苦苦工作为孩子们创造的成长环境和孩子们后天的努力才是最重要的。有很多人说，“数学好的孩子，脑子肯定好使。”我承认，快速地去解决数学题，十分有利于聪明才智的提高。但是，你们要清楚这样一点，这种解答问题的能力是孩子们后天所学习、培养、锻炼起来的，所谓的“天才”，绝对不会是遗传的。就比如说，我们很少听说文学家的孩子一定也是个文学家。那些很著名的文学家们在进行文学创作的时候，其灵感也都是来源于生活。有的是幼年时期的创伤，有的是成年之后一段不怎么美好的感情，抑或是生活中身边的人所发生的一些事情。通过这些素材，加上他们自己渊博的知识，一首精妙绝伦的诗歌或者一部精彩万分的长篇小说就这样诞生了。

其实，每一个孩子都是有着很强好奇心的。只不过，父母在孩子很小的时候进行过多的干预和限制，无形之中扼杀了孩子的想象力和创造力。相反的是，如果给予孩子充分的条件和良好的环境，也许在这个世界上会多一个“天才”。比如，有一个孩子，跟身边的其他孩子相比，他更加喜欢踢足球，他第一次踢足球的时候踢得很好，于是他进行足球练习的次数比其他孩子多，然后他就能够把足球踢得比其他孩子更好。因此，同其他孩子相比较而言，这个孩子他可以踢更多的球。他的父母发现了这一点，就让他经常参与到那些同他一样喜欢足球的孩子的活动里面去。后来，这个孩子加入一个足球俱乐部。

相反，如果这个小孩虽然很喜欢足球，但他在第一次踢足球的时候就遭遇了失败，于是他因为气馁和沮丧，从而放弃了第二次进行尝试的机会。那么你能说，这个孩子第一次踢足球的失败是因为他自身能力欠缺吗？当然不能，或许因为草皮光滑而导致他发挥不好也说不定呢。

7. 导致儿童行为差异的原因

以承认个体结构变异为前提，人的非习得的行为是否会随年代而发生变化，我们尚且没有证据能够证明。随着生物学的发展，人类在结构上有着新鲜显著的个体差异，这一点已经被人们所熟知。不过，我们一直以来都没有对这一知识进行充分的利用以分析人类的行为。行为主义者与其他一些动物心理学家最近才发现，从胎儿时期，习惯就已经开始形成了，环境对于一个人的影响也是很早就开始了，而我将利用这一事实来分析人的行为。出生时存在的巨大结构差异，出生后迅速形成的行为习惯，都可用以解释很多那些人们所谓的"行为"特征的遗传。我们来提出以下两点：

1. **人的群分**。我们之前讲了人体物质结构的复杂性。鉴于这个组织的复杂程度，那么在组合上有差异也实属正常。我们之前举过这样的例子：有的人骨头硬，有的人骨头软，有的人手臂长，有的人手臂短等。我们还可以举出其他一些例子，比如我们可以根据指纹判别不同的人，因为指纹相同的人是不存在的，动物掌印和人的掌印也存在明显差异。骨骼相同的两个人也是不存在的，你不能够从其他哺乳动物身上找到人的骨头。小婴儿的个体差异在吃、叫、哭、爬、尿等行为方式上都能体现，哪怕是双胞胎，也会在行为方式上有很多不同之处——这是因为他们在化学结构上就有差异。还有一些差别体现在感觉器官、大脑，还有心脏、脊髓结构和循环系统的机制、横纹肌系统（Striped Muscular Systems）的弯曲度和厚密度等方面。

不过人与人终究都是由相同的物质构成，即使存在结构差别，每个人的习惯也有所不同，但是构筑的基本方式却都是相同的。

2. **早期训练的差异导致更大的个体差异**。人和人之间在结构上存在着重要的差异，虽然这个差异很微小，但是早期训练的差异非常明显。众所周知，在孩子出生甚至更早的时候，条件反射就已经开始出现了。然而哪怕出生在同一个家庭，孩子也不会受到完完全全相同的早起训练。我们假设一对夫妻有一对龙凤胎，给这两个孩子作一样的打扮，吃同样的东西，但是母亲虽然喜欢儿子却要求女儿贤良淑德像个淑女，而父亲更喜欢女儿却要求儿子追随模仿学习自己。从两个孩子还是婴儿的时候，教育就已经不同了。之后，这对夫妻有了第三个孩子。这个时候，父亲的工作更加忙碌了，而母亲则要参加许许多多的社会活动，于是家里雇了用人。这个最小的孩子有一个哥哥一个姐姐，他的成长环境与他们不同。

那么，在关于才能或者心理特征的遗传上，我们应该如何去看待以上两点解释呢？让我们再次做出一个假设：有这样两个小男孩，他们一个六岁，一个七岁。他们的父亲是一个非常有才华的钢琴家，他有着一双手指细长而又灵活好看的手。因为大儿子有着同父亲一样的双手，所以他更喜欢他的大儿子，后来大儿子就成为一名非常出色的钢琴家。他们的母亲则是一个画家，专门画油画肖像，她偏爱他们的小儿子，然后小儿子成了另一类型的艺术家。小儿子因为手指不够细长也不够灵活，加之不同的倾向和不同的训练，所以没有成为钢琴家。但是，如果这个父亲喜欢的是小儿子，他对他的小儿子说："我想尝试一下让你变成钢琴家，你的手指不够长也不够灵活，我可以为你量身定制一架钢琴——把按键变窄，让它适合你的手指；再改变按键的形状，这样你在按键的时候就不用太用力。"如果是在这样的条件之下又会怎么样呢？说不定小儿子也会成为伟大的钢琴家。

而这种类型在训练方面的因素在遗传研究中被完全忽视掉了，有关于特定行为遗传的统计资料我们如今还没有事实可以建立。但是我们对待人类行为以及优生学各种形式的展开资料都要慎重——除非人类幼儿的研究已经证实了这些事实。

因此我们现在可以得出结论，特质的遗传我们还没有确切的证据可以证实。我们把一个健康的小孩放在不好的环境里，他肯定会变成一个小偷。要知道，每年都有成千上万的失足少年来自良好生活的家庭，这些少年在这样优渥的生活中没有开辟出其他更好的道路，所以造成了这样的局面。关于道德倾向的遗传，一些人喜欢用下面这个例子来解释说明：祖上行为不端，那么这个孩子在被人领养以后仍然喜欢干坏事。在我们现在所生活的这个文明社会，实际上不存在可以让我们做出这样结论的、认真对待的记录——尽管心理测验学家所持有的结论与其他一些犯罪研究学家是相反的。从事实来看，领养来的孩子也从来都没有跟亲生的孩子享受相同的待遇，我们无法将孤儿院和慈善机构得来的观察数据作为证据。

我可以进一步说，给我一打健康的婴儿，让我在我自己设定的环境里培养他们，那么我可以保证从中随便挑选一个，不管他的才能、嗜好、能力、倾向、天资如何，我都可以将他训练成我选定的任意一种人，不管是医生、律师或者艺术家还是别的。不过要强调的是，如果要进行这个实验，那么我必须要亲自决定这些孩子的培养方式和环境。

一个孩子如果存在明显的如腺体疾病、有“智力”缺陷或者淋病（Gonorrhea）一样的宫内感染(Intra Uterine Infection)这些结构上的遗传缺陷的话，那么他会很迅速并且早早地表现出行为上的困难。在结构上来说，这样的孩子没有接受训练的可能。如果一个孩子在结构上的缺陷很容易被人观察到，诸如多指这样的畸形或者截肢这样的残疾，那么这个孩子很可能出现社会自卑（Social Inferiority）的情况，他会拒绝平等基础上的竞争。

除此之外，关于倾向和特质的可遗传观念能帮我们逃避自己在孩子的教育上的失误。“瞧瞧他爷爷”或“瞧瞧他父亲”，这是一个母亲在儿子犯错时候经常说的话。“若这些倾向是遗传的，那我们还能说什么呢？旧心理学中说，是上帝赐予了我们心理特征，作为孩子的家长，孩子出了问题，我不应该受到指责。”

也许你们会想行为主义者这样叙述并解释自己的观点是不是有所企图，答案是肯定的。我们为婴儿心理学的研究花费了多少人力物力，却依旧被那些前提和假设所禁锢。也许，只有将那些前提与假设废掉，真正的人类心理才能被我们建立起来。

8. 影响儿童行为的关键因素——家庭

相信大家都清楚这样一个事实：对婴儿出生之后他所能做的事情，大家会觉得惊奇，而对于他不能够做的事情却没人在意，也没有人去计较这些。其实，大家并不需要感到惊讶；一个婴儿身上所具备的这些能力，在许多动物的身上都有所体现，这些动物也同样具有这些能力。

我们曾经将婴儿和猴子进行对比实验。我们观察到，婴儿能做到的事情，猴子都能做到，但是猴子的许多动作，婴儿是无论如何也做不到的。有许多复杂动作猴子在出生后一个月已经可以做得很好了，婴儿却做不到，甚至有很多动作婴儿需要在很久之后才能做到。

在观察儿童的过程中我们可以发现一个情况，我们可以从孩子身上的一个很简单的行为反应，比如哭、笑、动作、表情等看出父母对他训练以及对他所造成的影响。也就是说，孩子的行为动作，很快就让我们看出来，父母是依据自己的兴趣爱好来指导和训练孩子的，或者以自己所期望中孩子的样子来指导和训练孩子的。这就告诉我们，一个孩子会不会对某种事物做出某些反应，主要取决于他所处的这个家庭中都发生了怎样的事情。

那么，你们是不是会认为这些都是所谓的“本能”呢？比如爬行、模仿、羞怯、竞赛、同情、贪婪、偷盗、恐惧、游戏、好奇、社交、清洁、忌妒、爱等。早期有一些学者，他们受到了达尔文所倡导的理论的影响，他们相信无论是人还是动物，都有着非常完善的本能。有一些人则认为除了人之外的其他动物没有这么丰富的本能。显然，行为主义者不同意这样的观点，对于人类有着复杂的本能的观点，也是不赞同的。其实行为主义者在最初研究时，也认为其中有些活动是所谓的“本能”，但是在我们经过大量的观察实验之后，发现这些实验并没有为我们带来什么明确的证据来证明这一点。因此，我们不可能再容纳“本能”这个概念。通过实验我们了解到，孩子的每一种行为都有一种发生史。举个例子，一个婴儿从出生起就会微笑，这是因为体内的刺激所引发的，也是因为外界的接触所引发的。于是，它飞快地形成了条件反射。孩子一见到自己的母亲就会微笑，然后是声音对孩子的刺激、图片对孩子的刺激、视频对孩子的刺激等，都会引发孩子的微笑。接下来是词语，最后孩子所看、所听、所读的这些生活环境，都会成为引发他微笑的刺激。很显然，孩子为什么笑、孩子笑的是谁、孩子和谁一起笑，这些都是由孩子所处的那个特定的生活环境所决定的。

这也就是说，个体在以后所表现出的很多行为反应，都与他最初受到的训练还有他所生活的环境有着非常密切的联系。因此我们认为，你的父亲和母亲之所以这样训练和教育你，是因为他们的父母也是这样训练和教育他们的，而这样的方式会让孩子向着某个特定的方向去发展。父母在养育过程中总是会潜移默化地影响孩子，即使有一天孩子离开了他们，但这些形成的影响和习惯已经根深蒂固了。就算他已经不在自己的父母身边了，但这些行为习惯还有之前形成的性格特征会长期保留着，而且很难改变。

家庭环境的影响是普遍且广泛的，同样它也是自然和偶然的，尤其是其自发性；它对于教育来说有利也有弊，也就是说家庭环境的影响可能会是积极有利的，也有可能是不良消极的。对于环境因素所产生的作用，是不容我们所忽视的，而且还有一部分孩子会在家庭环境的影响下，很早就展露出他在某些方面的特殊能力。

还有就是孩子今后所从事的职业，也在很大程度上是由他的父母所决定的，也就是说他的父母对他从小的生活学习方式的引导，对他今后的就业选择有着十分深刻的影响。甚至有些时候，他可能并不热爱这一职业，但是因为受他父母的影响，最终他还是选择了这一职业。不过，我们在这里必须要排除因为身体的原因而不能满足自我选择条件的那些残疾人，这些是特殊情况，我们不多做讨论。如今流行的是由杜威教授和一些教育家倡导的教育理论，在最近的这20年里，一直都持续着这一观点。这种观点认为孩子拥有活动机能和材质基础，而这些都潜伏在孩子的内心中，如果想要对孩子进行培养与教育，就必须等到它们出现以后。而在行为主义者看来，这种学说有很大的危害性，这种方式会让我们失去对孩子早期的培养与教育的机会，也失去了对孩子未来就业方向的引导。

如果一开始教育不是这种情况的话，那么每一个人在他未来的职业选择上，都不会出现如今的情况。现在很多学生，对自己将来的就业方向并不确定，在我们所掌握的资料里面能够看出，有很大一部分，甚至可以说是绝大多数的学生都处在这种情况之下。我们在这些数以万计的学生之中，仅仅发现了一个求职的案例，这名学生对自己将来想要从事的职业做出了选择。但是，更多的学生并没有真正做好思想准备，他们对自己的未来感到茫然，他们只会一味地等待机会的到来。对于他们来说，只要机会到了，无论从事什么职业都可以，兴趣是可以先抛开的。所以，他们为何不能在12岁之前就做好他们的职业选择呢？

对于那些所谓的自内发展，我是不赞成这一观点的。这是一个非常浅显的道理，一个孩子，只要他的身体健全，他有着最基本的运动功能，那么我们就能够对其开展“造人”工作了；这些工作都不需要别的什么材料，我们能造就一个出色的人，一个谦谦君子，也能造就一个游手好闲的浑蛋或者一个冷酷无情的杀手。

我们可以从自己的孩子身上来观察那些普通和一般性的行为，但对于不能直接观察到的行为，就是一个人的“人格”“性情”“才能”“气量”，我们又应该以何种方式来对孩子进行研究呢？还有，我们又应该以何种方式去探究孩子精神上的构造、特性以及他们内部的情绪呢？

我们先以“恐惧”为例来进行解释说明。婴儿产生恐惧的原因，基本可以分为两种：一是突然失去倚靠，二是听到剧烈的声响。除去这两种，其余出现恐惧的原因几乎都可以认为是婴儿被放置在某种环境中成长的原因。随着孩子年龄的增长，他知道的东西也随之而增长。于是他面对陌生的人、陌生的事物或者陌生的环境的时候恐惧也会随之增长。而且孩子的经验和知识是有限的，他们很容易对于未知事物产生恐惧。这种情况下如果孩子的父母不及时对孩子进行疏导，孩子内心的恐惧只会更强烈。孩子很容易受到他人情绪的感染，当他看到或者是听到其他人处在恐惧害怕的状态，也会感觉到恐惧，并且坐立不安，即使他自己所处的环境并没有什么危险和能够引起恐惧的因素。假如孩子在外面见到了一些可怕的动物，或者是看了一些恐怖的图书，这时候，如果父母还吓唬他，对其进行消极的暗示，就会使孩子内心的恐惧逐渐放大。想要吓唬孩子是一件十分容易的事情，因为他们年纪小，经验少，还不能够明辨真假。试想一下，父母用一些不好的教育方式，是不是会让孩子变得十分害怕一个人待在不熟悉的人面前和不熟悉的环境之中呢？是不是会让孩子对于一些虚无缥缈的事情感到害怕呢？而这些不良因素，又给孩子的未来埋下了多少隐患，带来了多少有害影响呢？

还有一些孩子脾气暴躁、冲动易怒。其实这种情况出现的原因也很简单，比如父母束缚了孩子的运动，比如受父母情绪的影响等。一些父母大概想不到，在他们给孩子穿衣服时抓住孩子的手不让他乱动，或是为了惩罚孩子把他独自一人关在房间里，或者是父母经常容易动怒等，这些情况都会潜移默化地影响孩子，一旦孩子形成了这种冲动易怒的脾气，就会使他的情绪很容易受到周遭环境的影响，对他日后的成长非常不利。

那么，对于孩子的示爱行为应该怎样解释呢？是不是也能够认为孩子并非是自然地、本能地爱着他自己的母亲呢？其实，能够引发孩子示爱行为的事情只有一种，那就是轻触他的皮肤、嘴唇、性器官及相似的部分，抚摸也会有相同的效果。对于孩子来说，这件事谁在做，关系并不大。谁在做，他就会“爱”谁，而这也是所有的“爱”形成的原型。无论你相不相信，事实就是如此。孩子在幼儿时期有恋母或者恋父的情况是正常的，可是当他渐渐长大，开始有了自己的独立意识，并且心理上开始变得上进的时候，如果还存在这样的情况，那么这个孩子会很容易出现心理障碍，还很容易形成依赖性人格，影响孩子将来的成长。

这就是我们从实验室中通过观察得来的孩子怎样出现“偏差”的过程，在关于这些事实的正确性上，我们能够提供的令人信服的证据。

9. 如何制止儿童的不良行为

前面我说过，孩子表现出的一些不良行为，几乎都是人为造成的。当然，这其中绝大部分的责任来自孩子的父亲和母亲。我们都知道，孩子长大一些以后，肯定会加入一些他需要的团体中去，那么这其中肯定要与其他人相处、交流、合作，而在这一过程之中，就有一些需要孩子来遵守与执行的规则。所以在孩子成长的过程中，如果出现品行或是行为不良的情况，就必须要及时加以纠正，让孩子养成良好的行为习惯。我们都知道，人的各种行为习惯，大多是从小就养成了，这些习惯一旦形成，长大以后再想纠正就很困难了。

当孩子想要去拿那些不属于他的物品的时候，我会用铅笔在他的手背上用力敲一下。要知道，想要孩子形成正确的心理条件反射，就必须要对孩子的不良行为进行制止。而这种制止需要及时，只有及时制止，这种痛苦的刺激才能够使孩子留下深刻的印象，从而形成心理上的条件反射。以后每当他想要拿不属于自己的物品时，就会想起手背的疼痛，从而放弃了这种念头。如果这种不良行为没有及时被制止，时间久了，这种条件的消极反应就不容易再形成了。

对于孩子的不良行为，有些孩子的父母为了自己的面子，采取包庇和袒护的做法，这种做法是十分不值得提倡的，是对孩子不负责任的做法。孩子看到自己的父母对自己的错误如此包庇，就不会正视自己的错误，甚至会不以为然。这在一定程度上助长了孩子的不良习惯，不利于孩子今后的成长。父母在发现孩子的问题时，不要为了面子而袒护，这样不仅不利于孩子改正不良行为，还会在孩子的心理上制造混乱，为他们以后的成长埋下隐患。还有一点需要注意的是，家长要做到不在无意之中鼓励孩子的不良行为。比如，有的孩子哭闹，家长觉得心烦，就满足了孩子的无理要求。时间久了，孩子就会变得十分任性。孩子因为年纪小，很多事情还不懂，他们不清楚有些事情是他能做的，有些事情是他不能做的，除非我们对孩子有一些制约，不然他不会知道他不能碰那些易碎的物品，比如玻璃杯和那些瓷制的碗碟；也不会知道他不能碰那些可以伤害他身体的物品，比如去接近那些看起来很温顺实则凶悍无比的流浪小狗；甚至不知道不能将自己置于一个危险的境地，比如走入河水中。

对于一些消极反应的形成，一是父母对孩子说了“不行”，二是敲打了他的手背。这种制止孩子不良行为的方式，不要以为是一种对孩子进行惩罚的办法，陈旧的眼光和观念才会觉得这种方式是惩罚。至于“惩罚”一词，我们也仅仅能够将它看作一个古语，不然的话，这个词是不会出现在我们的字典里的。这一点，我个人认为，不管是在教育儿童方面也好，在犯罪心理学方面也好，都是真理。如果孩子做了他不应当做的事情，父母应该以铅笔敲击他手背或者手指的方法，来对孩子的行为进行制止。这么做也是为了抑制孩子不良行为的发生，让孩子今后可以适应并且适合某种社会习俗，简单来说，就是让孩子以后可以遵守这个社会的规则。

但是，我们在日常的生活中常常会看到父母发怒，他们会依据旧圣书里的意思来对自己的孩子进行惩罚，采用所谓的“鞭挞”“赎罪”等这些方式。要知道，在教育儿童方面，这样的现象随处可见。甚至可以说，不论是在家庭与学校，还是教会之中，都普遍存在着。这些都是以前的黑暗时代所遗留的产物。

孩子们的父母应该保持一种积极健康的心态，以一个教导者的态度认真对待自己的孩子。在关于制止儿童不良行为方面，行为主义者所主张的是敲打孩子的手或者是孩子身体的其他部位。其实，行为主义者采取这种做法的原因很简单，就是在孩子最早的阶段，通过消极反应，使孩子建立起良好的行为习惯。这样的结论，是我们从客观的实验当中得来的，如果你们只是单纯地把这种敲击手的方式看作“惩罚”孩子的手段，那就大错特错了。

对于那些不得不进行的消极反应，我们应当尽可能地去减少它们的数量。如果想达成这一目的的话，那么就需要找到一种可行的方法。在我看来，父母应当努力为孩子营造出能够发生积极反应的环境，让自己的孩子生活在这样的环境之中，使孩子能够找到事情来做，让他可以整天忙碌着。因此，作为孩子的父母，要在孩子活动范围的四周，放置好能够供他玩耍、操作的各种类型的物品。如此一来，在这些他可以操作、玩耍物件的活动当中，孩子很快就能够养成使用相关的物品来完成作业的习惯。采取这样的方式，可以使孩子慢慢忘记从前他所关注的那些他不能动的物品，而且他也不会再去做一些危险的事情危及自身安全，比如拿着小刀到处挥舞、玩火、玩易碎的碗碟等。假如我们使用了一些方法来训练孩子，但是这些积极的方法不奏效，这种时候，我们就不妨尝试用铅笔敲击他的手背或者手指，相对而言，这也算是颇为理智的做法了。

如果孩子再次出现不良行为，父母就需要对孩子进行反复的训练，以纠正孩子的那些不良行为。孩子也会因为被反复地纠正而逐渐收敛，最终孩子的那些不良行为习惯会渐渐消失。

Part 04

情绪管理
——儿童行为的心理状态表达

我们知道情绪是心理学领域的一个重要问题，我们要想正确认识儿童的心理状况，就必须对儿童的情绪进行研究。为此，行为主义者对何为情绪、情绪对儿童心理状况的影响这两个问题进行了解答，希望能借此让人们知道孩子的各种心理状态都是如何形成的，加深父母对孩子心理状况的了解。

此外，行为主义者还用实验的方法，对儿童情绪的成因进行了研究，并且根据研究的结果，提出了父母教育孩子时应该注意的若干个问题；希望父母们能用更加恰当的方式教育孩子，以此来减少孩子负面情绪的产生，让孩子保持一个比较良好的心理状态。

为了让父母更加直观地了解到教育方式对孩子情绪的影响，行为主义者还详细地介绍了恐惧这种负面情绪的成因以及预防这种情绪产生的方法。

1. 情绪：一个生理变化与外界环境共同作用的结果

情绪是心理学领域一个非常重要的课题。不论是本能心理学家还是行为主义学者都对它进行了大量的研究，并提出了自己的观点。但在当今社会，大多数人只认同本能心理学家提出的观点，对行为主义者所提出的观点则嗤之以鼻，这未免有失公允。事实上行为主义学者在情绪研究领域是颇有建树的，他们简化了情绪问题并向人们提供了解决情绪问题的方法。为了让人们接受行为主义者的观点，我们将对本能心理学家詹姆斯的情绪理论做一个介绍，从这一理论的不足之处入手使人们相信：行为主义心理学对情绪领域的发展做出了极大的贡献。

在威廉·詹姆斯的相关学说问世之前，老一辈的生物学家，例如詹姆斯、杜威、沃森达尔文等人一直对情绪中的人进行客观的观察，并以此作为他们观点的依据。这使得人们对情绪心理学的研究向着正确的方向发展，但是詹姆斯的学说让人们的研究再次偏离了轨道。

他认为人们的情绪来源于他们的生理变化。例如，当我们出现口干舌燥两股战战的身体状况时，我们会开始自我反省出现这种变化的原因，并最终得出我们是在恐惧的结论。显而易见这种公式化的形式是没有办法用科学的方法验证的，因而使用这种方法划分出来的种种情绪也是没有价值的、无法令人信服的。行为主义者发现了这个漏洞，为此他们抛弃了前辈们的研究成果，从原点出发对情绪问题进行探索。通过长时间的观察，研究者发现，当人们被某些感情支配时他们会表现出多种多样的、不尽相同的反应。举个例子，南部的黑人们会在黑夜来临时不由自主地全身颤抖，并祈求上帝的宽恕；他们在砍木头时，会避开被雷劈中的木头。当我们问及原因，黑人们会回答说，这是因为他们惧怕天空给他们带来的惩罚。我想这个例子足以证明，人们在情境中产生的种种情感是他们诸多反应的来源。我想我们可以对这个问题进行更为具体的论述。当我们找到一个曾被狗咬过的孩子，并把玩具狗放在他面前时，他会万分恐惧，但是如果你把它放在一个没有被狗咬过的孩子面前，他就不会有这样的感受。

随着检验工作的进一步进行，行为主义者发现，人周围的客体和情绪世界所引发的反应，比物体和情境的有效使用或操作所要求的反应复杂得多。也可以说客体受所接触情境的影响，产生了有效习惯并未要求的千百种反应。举个例子，对我们来说，兔子脚不具备任何价值，是可以随意丢弃的东西，但是黑人们却珍而重之地将它们保存起来。不但如此，每当黑人们遇到麻烦时，他们都会拿出兔子脚，请求它给自己庇护。对于有虔诚宗教信仰的黑人来说，这不仅是他们对待兔脚的反应，也是他们对待上帝的反应。

随着文明的发展进步，人们对物体和情境的反应被剥夺了。但是大多数人仍然保持着他们对宗教的信仰，并遵守着相关的礼仪规定。当他们在教堂里将面包和红酒当作圣餐食用时，他们不会像平常那样轻松随意，而是会在使用中做出跪拜、低头、闭眼等反应。从起源的角度看，人们在宗教仪式上做出的种种反应和黑人面对兔脚时做出的反应是对等的。当行为主义者调查种种反应时，他们会发现晚上地下室发出的声音会让他的同事变得更加孩子气。他们理所当然地认为，亵渎上帝的人一定会受到严厉的惩罚。与此同时他们也发现，有些同事为了躲避狗和马，宁愿在每天上班时都选择离公司更远的那条路走，即使迟到也在所不惜。

这就意味着：如果我们将这些生活情境和与之有关的物体都放到实验室去，从生理学角度制定出一个科学的、对他们起作用的方法，并将这种起作用的形式当成考察人们日常生活的依据，那么我们就会发现趋异规律。这种规律是通过附加反应、缓慢反应、麻木反应、消极反应、为社会排斥的反应等反应形式表现出来的，这么看来用情绪来定义这个词是比较恰当的。

如你所见，我们还没能制定出与反应有关的生理学规范，但是我们相信，随着时间的流逝和科技的发展，早晚有一天这套标准能够被制定出来，这并不是痴人说梦。在并不久远的过去，我们还认为树木被雷电击中是因为受到了诅咒，只要我们在战争中获得了敌人的指甲和粪便，我们就能获得完全的胜利。但现在随着物理学的发展我们已经不再这样认为，这门学科的发展，让我们建立了面对昼夜季节天气的标准化反应方式。同样，食品学的发展让我们建立了对食品的标准化反应，我们不再用干净与否来评价食品，而是关注它能否满足身体的特定需要。类似的例子不胜枚举，这足以向我们证明标准化生理反应的诞生指日可待。

但是现阶段我们仍保留了非标准化的社会反应。耶鲁（Yale）大学的萨姆纳（Sumner）教授对这一点有非常清晰的认识。按照他的观点，每一种存在的社会反应，都可以在某一特定的时期被认为是正常的和非情绪化的行为方式。在饥荒时代人们可以易子而食，一位丈夫可以有许多妻子，子孙的牺牲能令家人得到神灵的庇佑。

也许你觉得我们的社会反应已经达到了标准化，那些非标准化的社会反应都已经不会发生了，但事实却并非如此。我们对父母和领袖无条件顺从，我们的英雄崇拜，还有我们在哀悼会上、运动场上所表现出的与他人别无二致的附属反应，都是非标准化的、应该消失的反应。这些反应的存在告诉我们：我们的社会反应远远没有达到标准化的要求。

在这种情况下，成人反应的性质是非常复杂的。这使得行为主义者无法在成人身上开展他们的情绪研究工作，他们只能退而求其次，在幼儿身上展开情绪的研究工作。

我们需要找到一些愿意进行试验的三岁儿童（他们中既有富家子弟也有流浪儿），然后我们将他们带进实验室，让他们在毫无准备的情况下面对一些场景，并且密切关注他们的反应。例如，我们先将孩子带进一间亮着灯的实验室让他随意玩里面的玩具，然后在他毫无知觉的情况下，将一样动物例如兔子放入实验室中。紧接着我们将孩子带入暗室中，然后突然燃起一堆火。我们用诸如此类的模拟生活情境对孩子进行情绪测试。

需要注意的是我们必须在这个测试完成后，选择一个有人在他身边的时刻再一次进行测试。在他身边的可以是成人，也可以是同龄、同性别的孩子，甚至我们可以选择一群孩子在他身边的时刻对这个孩子进行测试。

此外，为了得到他情绪行为的真实情况，我们必须对他与母亲分离时的情况进行测试。我们必须找陌生人来照顾这个孩子用餐，我们给他吃的食物必须是他不曾尝试过的。我们要找来陌生的保姆为他洗澡更衣，将他放上床，我们必须拿走他身边可供玩乐的东西，我们必须找比他大一点的孩子来欺负他，我们必须在保证他安全的前提下将他放在壁炉上，或是让他坐在小马驹的背上。

我之所以向大家公开我实验的全过程，是为了让大家相信，我的方法是正确便捷的，实验的研究方法可以在很多个领域使用。

2. 帮助儿童在 3 岁之前奠定情绪基础

通过这次检测，我们对幼儿的情况有了更加全面的认识，但这并没有令我们感到欣喜，反而让我们的心情变得更加沮丧和沉重。这不是因为我们的测试工作做得不尽如人意，而是因为我们发现孩子的心理状况非常不好，他们只有 3 岁却已经有了恐惧、羞怯、愤怒等对成长非常不利的负面情绪，如果我们不能正确引导孩子，帮助他们减少负面情绪，那么他们很有可能在长大后变得自卑冲动，这对他们适应外界环境和提高个人能力是非常不利的。

我知道这样的说法是无法令你们相信的，你们可能会认为我是危言耸听、小题大做，但事实绝非如此。为了让大家相信我的判断，正视孩子们的心理问题，我们不妨列举孩子们在实验中的表现，让你们自己对孩子们的心理状况做一个判断。

在实验开始的时候，我们让被试者的家人都假装离开家，然后关掉了电闸对孩子们的反应进行观察，我们发现大多数的孩子并不能冷静地思考停电的原因，他们大都显得惊慌失措、不停地呼喊家人，他们发现始终没有人回应他们的时候，他们开始大哭起来，直到父母出现并用他们喜欢的东西转移他们的注意力，他们才慢慢平静下来。早在之前的讲述中我们就提到过：婴幼儿天生只会对突如其来的噪声和失去平衡感到恐惧，由此我们可以知道，孩子对黑暗的恐惧都是在环境影响下后天形成的，这需要我们的父母给予足够的重视，用科学的方法减少孩子后天养成的恐惧，帮助他们养成果敢坚强的性格。

在实验中我们发现孩子们不仅产生了恐惧这种负面情绪，也产生了害羞这种对他们的成长不利的情绪。举个例子，我们让一个孩子在众人面前唱一首歌，在这之前孩子们已经对这首歌非常熟悉了，但是当他站在众人面前时他还是曲不成调，他想求助，一直盯着熟悉的人看，脸上布满了慌乱的神情，这足以证明他的内心存在害羞的情绪。有些人认为孩子这样并不是因为害羞，而是因为他们对环境不熟悉，那么我们就将实验观察的地点改变，看看孩子们有什么样的表现。我们可以找一个孩子不认识的人充当母亲的好友上门拜访，并主动向孩子问好，此时我们观察孩子们的表现，会发现他打招呼的声音细若蚊蝇。在打招呼的过程中大部分孩子的脸都涨得通红，与此同时他们会牢牢地抓住母亲衣服的下摆，无论大人怎样要求都不放手，这充分证明被试者已经产生了害羞的情绪。

有些人觉得对孩子（尤其是女孩子）会感到害羞这件事不必太过在意，等到他们长大成人这种情况自然也就不会发生了，但事实并非如此。经过观察，我们发现孩子的情绪生活基调早在他们幼年时（0~3 岁）就已经固定了。也就是说，如果一个孩子在他幼年时产生了害羞的情绪，那么他长大成人，仍然会在与人交流的过程中感到紧张。这对他的人际交往非常不利，因此在检测完成后，我们提醒父母要陪伴孩子多与外界接触，让他们可以慢慢克服害羞的情绪，在与人交往的过程中能够落落大方、坦然自若。现在我们已经证实，年幼的孩子心理确实已经产生了恐惧、羞怯等负面的情绪，我们也简单地向父母提出了应对的办法。但是仍然有一个问题需要我们去研究，这个问题就是我们的情绪反应究竟是如何产生的？它究竟是来自遗传，还是只作为一种形式找不到出处？又或者它有我们料想不到的出处？为了找到这个问题的答案，我们进行了新的实验，在下文中我们将对这个实验做出详细的介绍。

3. 情绪波动的条件：习得性反应

在之前的实验工作中，我们已经得出结论，在过于贫困或过于富有的家庭中长大的孩子，不适合做情绪起源研究的被试儿童。因为他们的情绪反应往往过于复杂，这一度令我们的实验陷入僵局，幸运的是医院里有很多有奶妈抚养的健壮儿童可以作为实验的对象。此外，我们还选择了一些在家里生活的儿童进行了较长时间的观察。

为了创造出令孩子产生情绪波动的情境，我们会让孩子坐在小型婴儿椅中，若孩子因太小而无法独立坐在婴儿椅中，那么我们就只能允许他坐在母亲的怀中进行实验。

在实验开始时，我们要在实验室里测试婴幼儿对动物的反应。我们让婴幼儿自己或是与母亲或护理人员一起进入一间没有家具的屋子，这个屋子里没有家具，只在婴幼儿的脑后放置一盏灯，然后让一只黑猫喵喵叫着并绕着婴幼儿奔跑，习惯性地用身体碰触婴幼儿。每当这个时候，孩子总会好奇地碰触小猫，并用手去抓它的毛，这让那些认为孩子天生就害怕带毛动物的家长们感到十分惊讶。

在这个实验中兔子也被当作了实验材料，和对黑猫一样，孩子用手触摸兔子，他们没有表现出任何害怕的情绪。如果一定要找什么不同的话，大概是特别喜欢兔子的婴幼儿会将兔子的耳朵往嘴里塞。

除了兔子和黑猫以外，实验者们还将小白鼠也拿来做实验。孩子们很少注意到这个又小又白的动物，但是当孩子们注意到它时，例行的触摸是必不可少的。

在众多的实验动物中，只有狗不会引起孩子的触摸反应，但在孩子的眼中它也是一种非常友好的动物，孩子同样不会因它的存在而恐惧。

这些孩子都没有建立情绪性的条件反射，用与动物进行的恐惧测试告诉我们，孩子并不是天生就对毛茸茸的动物怀有恐惧，这种说法不过是人们没有科学依据的臆测而已。现在我们已经证实了，孩子对毛茸茸的动物天生心怀恐惧，这一说法纯属无稽之谈。

那么，孩子对其他类型的动物例如鸽子又是如何呢？他们是否会对鸽子这样的长羽毛动物心怀恐惧呢？为了找出这个问题的答案，我们将一只鸽子装在袋子里放进实验室对婴幼儿的反应进行观察。我们发现，当鸽子咕咕叫着在袋子中挣扎时，婴幼儿不敢靠近鸽子；当鸽子安静下来时，孩子们又开始对鸽子进行触摸了。即使是鸽子用翅膀扑打到了婴幼儿的脸，婴幼儿也不会因此产生恐惧的反应。如果在这个过程中，鸽子再次进行啼叫的话，婴幼儿触摸他们的动作，也会随之戛然而止。

现在我们已经结束了与动物有关的情绪实验，要进行另外一种形式的实验。我们会在一间开着门的小黑屋里点燃一张纸，对孩子进行与火有关的恐惧测试。当火苗很小的时候孩子就像对待动物一样，情不自禁地用手去抓火苗，但是当火苗升高并产生热量时他们就不再试图去抓火苗了，不仅如此他们还会将自己的手臂抬高，这个举动和成人们遇到热量时的动作出奇地相似。这不禁使我们为之惊叹。

之前我们已经做过孩子面对动物时的情绪实验，我们也得出了结论，但是这个实验仍然存在局限性。因为孩子是在实验室里接触这些动物的，如果走出这个相对密闭的环境，孩子对动物的态度是否相同呢？为了解答这个问题，我们在动物园里为孩子进行了一次情绪实验。那些在医院中养大的孩子和在家中养大的孩子都被送到了动物园，这是他们第一次进入这里，我们发现孩子在这里的任何反应都不明显。我们尽量让孩子见到所有在生物史上起着重要作用的动物，例如属于灵长类的猴子、爬行类的蛇，但这些动物都没能让孩子产生包括恐惧、喜悦在内的任何剧烈反应。

1924 年的夏天，我带着自己的两个孩子来到了布朗克丝动物园，他们一个两岁半，另一个只有七个月大，还没有形成条件反射的情绪型恐惧反应。而哥哥曾经被狗袭击过，所以他已经对狗形成了根深蒂固的恐惧感，不过他并未因此对其他的长毛动物产生恐惧感。在平常的生活里他仍然非常热衷于和这些动物玩耍，此外当他面对各种毛虫时，也丝毫没有产生恐惧之情，他甚至喜欢将这些东西带回家，与它们同床共寝，这令他的母亲非常困扰。

在几个月前他游泳时差点窒息，自那以后他就对水产生了恐惧。当我们划船去动物园时，他对我说，爸爸我害怕。我将他抱在怀里，并且告诉他，别怕我的儿子，这水伤害不了你的。几个星期以后，当他和他的妈妈一起坐船时，他说，妈妈我一点都不怕水了，但是他的表现却与他说的不太一样，但等到他到达公园以后他的恐惧已经烟消云散了。他对每一种动物都显示出极大的热情，不知疲倦地追逐着它们，并未对这些动物产生任何恐惧。至今我们已经进行了大量的婴儿恐惧实验，也观察了许多在家庭中长大的孩子。根据他们的表现我们可以得出结论：只有习得性反应才能让我们产生情绪，我们对所有物品的恐惧都是一种条件化的情绪反应。

4. 孩子为何会愤怒，你真的了解原因吗?

对新晋父母来说最令他们苦恼的事情莫过于孩子的愤怒和哭闹了，孩子涨红的脸以及声嘶力竭的哭声对父母来说无异于是最难熬的酷刑。但令人无可奈何的是，这种愤怒和哭闹总是频繁发生，且当孩子哭闹时任何方法都无法令他平静下来。

久而久之，父母就会认为这种愤怒和哭闹是难免的，他们唯一能做的就是将一切引发孩子愤怒的事情，诸如洗澡剃头交给自己的另一半来做，自己则远远地躲出去，等到一切事毕再拿着一颗诱人的糖果使怏怏不乐的孩子重展笑颜。当他们做这件事情时，他们总会带着七分无奈和三分劫后余生的庆幸对自己的另一半说，孩子小的时候都是这样淘气，没关系，他很快就长大了。

事实上，认为孩子长大后就不会再轻易愤怒的父母注定是要失望了，因为孩子并不是因为不懂事才愤怒哭闹的，他们之所以愤怒是因为他们的行动受到了阻碍。父母大可以回想一下，孩子是否是在你阻碍了他的行动后才开始哭泣的呢？也许那时你正因为换尿布抓着他们的小腿，也许那时你正因为为他理发而固定着他的头部。事实上正是这些平日里不被注意的细节，阻碍了他们的行动才导致了他们的愤怒。

也正因如此，孩子的愤怒并不会因为长大而减少，相反可能会在他长大后日益增加。当你不顾他的意愿掰开他的胳膊进行清洗时，当你把一件衣服从他的头顶套上去时，当你为了安全将他绑在安全座椅上时，他都会因为行动受到阻碍而愤怒。为此我们必须要在照料孩子时尽己所能地温柔和细心，尽量减少他们的肢体束缚感，或是让他们做一些力所能及的动作从而减少他们的愤怒。

为了减少孩子的愤怒，我们不仅要在日常生活中细心温柔地照料他们，还要尽量减少在孩子玩耍时阻拦他们的举动。有一些家庭中的长者喜欢在孩子玩耍时将他们抱起来，用拥抱和逗弄来表达他们对孩子的疼爱，这是我们必须阻止的，因为这种方式不但无法加深孩子对他们的感情，还会令孩子对他们产生反感，甚至当孩子们遇到与他的言行类似的人时，他们也会不由自主地表现出厌恶的神情，导致他们在与人交流的过程中受挫，影响他们日后的生活和发展。

除以上两点外，我们还要注意家庭是最容易制造愤怒的场所，因此我们在限制孩子活动时一定要三思而后行，不要过多干涉孩子的活动，让孩子每天都面对令自己觉得愤怒的事情。否则，他们很可能会选择逃避现实生活进而沉浸在自己的世界里，这对孩子个人能力的培养是极为不利的。

在上文中，我们详细讲述了能令刚刚诞生的新生儿感到恐惧的外界环境和孩子条件性恐惧的成因，此外我们也详细地分析了恐惧这种负面情绪给孩子成长造成的不良影响。现在我们有必要详细地列举一下，在日常生活中让孩子们感到愤怒的事情。父母只有对这些事情了如指掌，才能有效地减少孩子的愤怒情绪，让他们从年幼时开始就能就拥有乐观阳光的情感基调，保证他们长大后用乐观积极的心态面对每一天的生活。

那么究竟有哪些事情会引起孩子的愤怒呢？在具体说明这个问题之前，我们必须先让大家了解孩子是如何表现他们内心的愤怒之情的。通过细致的观察，我们发现孩子愤怒时他们的脸会变得通红，他们的四肢会不停挣扎，此外他们还会大声哭泣，他们会不由自主地通过这些表现来表达他们内心的愤怒。之所以告诉大家这些，是希望父母能在第一时间察觉到孩子情绪的转变，能及时对孩子进行安抚。

现在就让我们看一看行为主义者观察到的能引起孩子愤怒的事情具体有哪些。在观察中，我们发现在生活中最容易引起孩子愤怒的事情就是便溺。在生活中我们常常会感到肠胃不适，大人们可以在身体不适的时候克制自己，理智地分析身体不适的原因并且自己想办法缓解。但是尚在稚龄的小儿是无法做到这一点的，事实上不只是便溺，任何让人不适的疾病都会让孩子因为痛苦而愤怒。如果你以一个局外人的身份观察一个患病的孩子，你会发现，他会不断地将他的手臂在空中飞舞，不停哭泣。每一个在孩童时期受过病痛折磨的人都知道，这些动作不仅是因为痛苦，也是因为愤怒。

第二种令孩子愤怒的事情就是属于自己的物品被旁人夺走，这个时候如果他还不具备自由行走的能力，他就会大声哭泣，一边哭一边挥舞着手臂想要夺回自己的东西。有些大人会因为孩子有趣就故意拿走他手里的东西，想看他的反应，这种行为非常不恰当。对懵懵懂懂的孩子来说，那个拿走他的心爱之物令他愤怒的人，就是他厌恶的人；随着时间的流逝，事情被逐渐忘却，当时留下的反感却不会轻易消除。

第三种令孩子愤怒的事情，就是他想要去做一件事情，却没有办法做到。举个例子，孩子想要用积木搭一个楼房，却总也搭不成功，这时他们会用力将刚刚搭好的积木全部推倒，这就表示他已经非常愤怒了。这个时候就需要父母来到他们身边细心地开导他们，帮助他们一起完成他们想要完成的事情。这不仅能让孩子冷静下来，还能提高他们的动手和思索的能力。

第四种令孩子愤怒的事情是父母让他独自一人在密闭的屋子里待很长的时间。要知道年幼的孩子是非常活泼好动的，且他们非常缺乏安全感，若我们让他独自一人待在屋中，就难免会使他在恐惧和郁闷的双重影响下变得暴躁易怒了。

此外，穿衣脱衣沐浴这些事情也会令孩子们感到愤怒，因为他们的行动受到了束缚。

Part 05

恐惧解读——儿童成长中有功有过的“无字碑”

我们知道除了愤怒之外，孩子身上还有许多负面的情绪，这些情绪和愤怒一样会对孩子的人生产生极为不利的影响。在这些负面情绪中，恐惧对孩子们造成的不利影响是最大的，它会让孩子们失去尝试新事物和面对挫折的勇气。

为了避免这种负面情绪的产生，让孩子能够用积极的态度面对生活，行为主义者对恐惧这种负面情绪的成因进行了研究，通过研究他们发现孩子的恐惧都是在父母和家庭的影响下产生的。为此，行为主义者从对待孩子的方式和孩子所处的环境这两个角度出发，提出了与养育儿童相关的建议，希望能借此帮助父母减少孩子负面情绪的产生。

需要注意的是：行为主义者提出众多避免恐惧产生的方法，并不意味着行为主义者认为恐惧这种情绪完全不会出现。事实上行为主义者认为恰当的恐惧对孩子是有好处的，在一定程度上，它能避免孩子陷入危险之中。

1. 儿童恐惧的最主要来源——父母

现代社会，人们总有一些不足为外人道的恐惧：有些人惧怕壁虎，一看到就吓得面无人色；有些人一听到雷声就惊慌失措。人们常常为此感到无奈和羞耻：我在无数的风险和危机面前都能做到面不改色从容应对，怎么见到一只小小的蜘蛛就吓得六神无主失礼于人前呢？

为了克服恐惧他们想了许多办法，但都无济于事。无奈之下他们将这归咎为天性使然，听之任之了。但事实上这种恐惧并不是与生俱来的，之所以人们面对自己的恐惧无能为力是因为他们幼年时，在父母的影响下形成了对某一事物的恐惧，通常情况下这种恐惧会伴随他们的一生。举个例子，在一个孩子年幼时他的母亲与他开玩笑，将一只壁虎放到了孩子的枕边，这让这个孩子受到了很大的惊吓。从此以后，别人眼中有益的昆虫，就变成了这孩子心里最恐怖的东西。每次只要无意间见到壁虎，这个连毒蛇都毫不畏惧的人就会惊叫着跑出百米之远。也许你觉得我说的这些是很偶然的现象，有几个母亲会一时兴起就拿什么东西吓唬自己的孩子呢？

如果你是这样想的，那你不妨回想一下自己的童年经历，是不是常从父母口中听到类似这样的话语：不要靠近那条蛇，它会咬伤你的；不要去动蜜蜂，它会蜇到你的；不要去动那朵玫瑰，上面有刺，你会受伤的。正是这些话语构成了我们童年的恐惧（当然这并不意味着父母犯了什么错误，有些时候对某些东西心怀恐惧是很有必要的，这能让我们规避很多风险）。

不仅如此，一个人一生的情感基调也是幼年在父母的影响下形成的。假如一个孩子在年幼时经常受到来自父母的鼓励和夸奖，那么毫无疑问他长大后会成为一个自信乐观的人；与之相反，如果他在童年时期经常受到父母的呵斥和责骂，那么他难免在长大后变成一个悲观主义者，甚至，他会觉得生活中充满了绝望。如果你觉得我的话是危言耸听，你不妨去找两个孩子(一个孩子的父母经常责备他，而另外的那个孩子则总会受到父母的鼓励和表扬。)观察他们平常的交流。我相信你总会听到这样截然不同的说辞：

欧！天哪！我的作业还有一半没完成！

嗯！真好！我的作业已经完成了一半。

明天班里要举行唱歌比赛，如果我唱得不好听出丑怎么办?

真好，明天班里要举办歌唱比赛，我还没在那么多人面前唱过歌呢，明天我要让他们好好惊讶一回。

每次考试都考得这样差，我觉得我根本不适合学习。

这几次考试都考得这么差，看来我要在这件事情上多用点心思了，下一次我一定能考好的。

诸如此类的例子可以说不胜枚举，两个各种水平都差不多的孩子仅仅因为父母教育方式的不同，就产生了这样天差地别的人生态度。我想这些足以令父母相信：他们与孩子的相处方式会对孩子的人生态度产生决定性的影响。

有鉴于此，如果我们想减少孩子在生活中的恐惧，养成他积极乐观的人生态度，那么我们必须从孩子的家庭环境和父母对待孩子的态度入手，努力为孩子营造一个良好的家庭环境。下面我们来详细介绍一下恐惧是如何出现在孩子们心中的，我们又该如何对这些恐惧进行控制?

2. 父母带给儿童的恐惧到底有多可怕?

在前期的讲述中，我们已经说过孩子的情绪是非常容易被外界影响的。在家庭中，父母不经意的一句话、一个动作都可能在孩子心中留下深刻的印象，从而影响他们的一生。孩子的恐惧就是这样在父母的言谈举止中产生的。举几个例子，当一个年幼的孩子正兴致勃勃地学习爬树，母亲突然出现在他的身边大声制止他，在孩子下来后还满怀愤怒地将孩子训斥一顿。这就会让孩子对爬树产生恐惧之情，不出意外的话，他以后就再也不会尝试爬树了。曾经见过一个真实例子：一个男孩走在陡坡上，开始时他的速度稍微有点快，这个时候他的母亲没有理智地提醒孩子放慢速度，而是大声喊着快停下这样你会摔下去的；在他应声停下之后，他的母亲并没有放过此事，而是不断地训斥他：你知道这样有多危险吗？你差一点就要到医院里去了，不是叮嘱过你不要在斜坡上跑跳的吗？你为什么不听？诸如此类的训斥还有很多，而孩子就站在原地一边流泪一边不由自主地瑟瑟发抖。几天之后，我再次见到这个男孩，发现他在斜坡上的行走速度非常缓慢，他的朋友都已经离开了斜坡，有人一遍遍地告诉他这没有危险可以走快一些，还有人在山下大声地嘲讽他，说他竟然没用到连一个小小的斜坡都害怕。不管他们怎么说，孩子始终一小步一小步地走，每走一步都要看一眼周边的环境，仿佛十分害怕会摔下去。几年后我再一次碰到这个男孩，那时他已经上了中学，但他走路仍然像几年前那样，在稍微有点陡峭的地方就会变得很缓慢——他对斜坡的恐惧在母亲的恐吓声中出现，并且一直伴随着他。我相信如果不采取什么措施的话，即使他长大成人，对斜坡的恐惧也会依然留在他的心里，让他的步伐变得缓慢无比。我想通过这个例子，父母们应该明白孩子的恐惧正是源自父母的大声呵斥。

但是呵斥并不是父母令孩子恐惧的唯一途径。有的父母性格急躁，每当孩子做了什么错事就会对孩子进行肉体上的打击，这种肉体上的打击同样会令孩子感到万分恐惧。因此我们非常不赞同父母一遇到事情就用体罚的方式对待孩子，要知道这会给孩子带来极深的恐惧，而有些事情本不至于此。

事实上，父母还有许多作为一样会令孩子们感到恐惧，正如上文所说，父母的一举一动都会对孩子产生无法估量的影响，因此当我们成为父母后要格外注意自己的言行，力求对孩子起到一个良好的引导作用。要知道教育孩子就如同打造一把举世难求的宝剑一样，稍有不慎就会造成难以弥补的遗憾。所不同的是，器物毁了还可以重新打造，而孩子情绪的塑造则只有一次机会。如果在孩子童年的教育中出现了偏差，让他对周边的事物充满了恐惧，养成自卑怯懦的性格，他长大后无论父母花多大的心血，都无法让孩子从不良情绪的阴影中解脱出来。

3. 探访给儿童带来恐惧的原因

实验开始时，我们将一只毛茸茸的兔子放在一个健康、美丽的孩子面前。在此之前他从未见过兔子，这时孩子会用两只手不停地触摸兔子，与此同时他的眼睛也会一直盯着兔子看。

如果我们将兔子换成另外一种孩子从未见过的动物，例如猫、金鱼、麻雀等，孩子也会做出与之类似的举动。甚至我们将一条蛇放在他面前，他也会爱不释手地捧着它，丝毫不觉得恐惧。据此我们可以断定，孩子并不是天生就对动物怀有恐惧之情。但是当我们观察身边的孩子会发现，他们会对许多动物心怀恐惧：有些孩子一看到狗就远远地躲开，有些孩子一看到蛇就吓得浑身僵硬动弹不得。为了找出这种恐惧产生的原因，我们进行接下来的实验。

在实验中，我们拿出了各种生活中令孩子们感到恐惧的东西，如鬼面具、电击棒等，放到我们的被试者——11 个月零五天的小艾伯特面前，但他对这些东西丝毫不感到害怕，甚至还很好奇地将这些东西拿在手里观察，对它们表现出了极大的兴趣。但是，当我们站在孩子的身后用铜锤敲击铁链，发出巨大的声音时，孩子就不再那样镇定了，他变得惊慌失措，号哭着远离声音发出的位置。不管这个实验重复多少次，他的行为都不会有所改变。这说明，孩子天生就对巨大的、突如其来的声音有恐惧之情。除此之外，我们还发现孩子对失衡的恐惧也是与生俱来的，如果我们抽走孩子身下的坐垫令他们失去平衡，他们就会啼哭不止。即使我们将这种行为重复多次，也无法令孩子对此保持镇定。

通过这一阶段进行的实验，我们发现除了噪声和失衡之外没有什么可以引起孩子本能的恐惧，其他恐惧之所以产生都是受这两种因素的影响。为了证明这个观点，我们进行了接下来的实验：像开始时一样，我们将毛茸茸的兔子放在孩子的面前，但是当他像之前那样抚摸兔子时，我们在他的身后敲起了铜锤。小艾伯特立刻大哭起来并且放开了兔子，这个时候我们停止了铜锤的敲击。第二天我们还是一样，当艾伯特碰触小兔子时就用铜锤敲击铁链，一旦他放开兔子就停止这个举动。这样几次之后我们发现小艾伯特在伸手触碰兔子时变得十分迟疑，到最后他一看到兔子就会显得十分恐惧，并迅速到离兔子比较远的地方去。在他这样做的时候他的身体都在微微发抖，甚至他一见到和兔子一样毛茸茸的东西，例如帽子、围巾，也会吓得大声哭泣起来。这足以说明孩子对兔子的恐惧实际上是他们对巨大噪声恐惧的迁移。我们相信孩子们对其他东西的恐惧也是来自对噪声和失衡的恐惧。为证明这一点，我们进行试验，任意选择了一些东西放在小艾伯特的面前，和做兔子实验室一样，只要他一碰这样东西我们就制造出巨大的噪声，放下就停止。在重复三次以后，小艾伯特果然如我们想的那样对放在他面前的东西产生了恐惧，这种恐惧甚至延伸到我的助手的身上，他一看到我的助手就会哭泣着向后倒退。他这样的表现已经足够说明，孩子们对生活中诸多事物的恐惧都是对噪声和失衡恐惧的延伸。如果你认为他一个人的行为不足以代表所有的孩童，那么就请你回想一下自己的童年经历，你是不是曾经因为狗突然的犬吠对它产生恐惧之情，你是不是曾因为站立不稳就对独木桥产生恐惧之情呢？这些都可以告诉你恐惧到底从何而来。

至今为止，仍然有许多人认为我用孩子进行试验过于残忍，但我坚持认为如果这个实验能够令人们深刻了解恐惧产生的原因，从而做出恰当的预防措施，避免千千万万的孩子深陷恐惧的泥潭中不可自拔，那么这个实验的存在就是有意义的。

4.“家庭恐惧”是一根紧绷的神经

许多家长认为，恐惧并不是那么容易产生，只有那些经历了重大变故的孩子才容易对某些事情形成恐惧。但事实并非如此。

上文我们已经说过，高分贝的噪声就足以引起幼儿的恐惧，那么如果父母在日常生活中不注意，做事时发出的声响就会惊吓到儿童，从而使他们对父母所做的事情产生恐惧不敢轻易尝试。举几个例子，如果父母在装修房子安装门窗时没能提前安置好孩子，令他们受到噪声的袭扰，那么他们在长大后就会对安装门窗这件事产生发自内心的排斥；又比如，你在关门时未能控制好音量让孩子受到惊扰，那么在未来很长一段时间他们都会将门视作一个可怕的事物不敢轻易碰触；又比如说，家里的壶在烧开以后突然发出的声音也同样会令孩子们感到恐惧。突然的吵闹声，忽然响起的闹钟的声音，水烧开以后热水器发出的声音，重物忽然倒地的声音，所有这些突如其来的高分贝的声音都会让孩子产生发自内心的恐惧之情（孩子只会在刚刚听到这些声音的时候对它们产生恐惧，当这些声音频繁地在孩子们的生活中出现，孩子就不会再对它产生恐惧了）。

但这并不是家庭中令孩子感到恐惧的唯一因素，如果在家庭中孩子忽然失去平衡，那么令他失衡的东西也会引起他的恐惧。

举个例子，如果孩子不慎从椅子上摔落下来，他从此就会对椅子避而远之。即使他们长大成人，在选择坐具时依然会下意识地避过椅子。人们往往会忽略做出这一选择的原因，认为这不过是因为所谓的眼缘，但实际上都是受到了潜藏在内心深处的恐惧的影响。当孩子因为坐垫突然移动而失衡时，他也一样会对坐垫产生恐惧之情。

通过上文的描述，我们已经知道家庭中所有让孩子受到噪声干扰，或者是让孩子失衡的物品和事情都会引起孩子的恐惧。这种恐惧即使在他们成年后也不会消失，它会时刻潜藏在孩子的内心深处，不知何时就会对孩子的生活产生极大的影响。

因此父母在生活中应格外注意：让孩子远离会发出噪声或令孩子失衡的东西，以免婴幼儿每天都处在紧张的情绪之中。

5. 恐惧行为之躲避反应

在孩子的众多行为中有一种行为与恐惧之情密切相关，需要父母们格外留神。

这种反应就是躲避反应(也可以将其称之为消极反应)。它是孩子们在受到惊吓或伤害时做出的对所接触事物的逃避反应。举例来说，如果孩子们在喝水时被杯中的水烫到，他们会不愿接触开水，等下一次父母让孩子喝水时难免要绞尽脑汁地诱哄了；如果孩子不慎被针扎到，他以后就不会再去接触针了。此外如果孩子在做什么事情时受了伤，他们一样会对这件事情产生强烈的消极反应。在生活中我们经常能听到这样的对话：

伊莎为什么你不去练舞蹈了？

欧！我上次在练舞中扭伤了脚，难受了很多天，我想也许我并没有练舞的天赋。

莱克你今天不是要去打篮球吗?

不，我不想再去了，上一次打篮球的时候我被他们撞倒在地上了，我觉得这项活动也没什么好玩的。

通过上文我们已经了解到，如果什么事情令孩子受伤，那么他们一定会对这件事做出逃避反应。但这不是孩子做出逃避反应的唯一原因，事实上如果有什么事情令他们感到困难，他们一样会产生逃避的情绪。我们总被这样请求：

妈妈，弹钢琴实在太难了，我今天一直都没能弹出好听的曲子，我可不可以不去弹琴了？

爸爸，这些奥数题实在太难了，我怎么都解不出来，我可不可以不参加这次的数学竞赛了？

这些请求非常明显地表现出孩子因遭遇挫折而产生的消极情绪。

除以上两点之外，如果一个孩子总是被某些人否定，他们也难免会对这些人产生逃避的情绪。

这种逃避反应和恐惧反应一样，都是在家庭影响下产生的条件性反应。且这些反应一旦产生，就会对孩子的一生造成不可忽视的影响，这就需要父母在日常生活中多加注意，在孩子还是婴幼儿的时候，我们要将所有可能令他们受伤的物品都妥善安放好，当他们因为失败而逃避的时候我们要及时给他们安慰，我们要经常说这样的话：我相信你，你一定可以做到的，你能行的。这样的话可以让他们拥有再次尝试的勇气，减少他们的消极反应。

有些父母认为只有严格要求才能令孩子有所进步，因此在孩子做某些事情失败的时候，他们并不宽慰鼓励孩子，反而对孩子说一些责备嘲笑的话：你怎么连这点事情都做不好？你怎么这么笨？事实上这些话不但不能帮助孩子们变得更好，反而会让他们对自己失去自信变得自卑，让他们时时刻刻都做出消极的反应。

6. 造成儿童恐慌的响锤——父母的“不准”

在上文中我们提到，发出噪声的事物往往会导致孩子发生条件性的恐惧感和消极反应。在本文中，我们来介绍一下另外一种可以制造出恐惧感和消极反应的利器，它就是父母在生活中经常说到的“不准”。

想必读者对这个说法会感到困惑，既然恐惧是孩子在噪声影响下形成的条件反应，那么“不准”这两个字如何引起孩子的恐惧呢？

是的，仅仅“不准”这两个字是不足以令孩子产生恐惧的，但是当我们将这两个字具体应用到生活中，应用的方式就会给孩子们的心灵造成强有力的震慑，使他们对所接触的事物产生恐惧。例如，父母们经常用高分贝的声音对孩子说出不准这两个字，声音带来的条件性恐惧自然而然让他对所接触的事物产生条件性的恐惧。比如说孩子正试图打开冰箱的门，这个时候远处的父母忽然大声向他说道：不，伊莎不准这样做！这时巨大的声音带来的恐惧就会转移到不准这两个字上去，从而令孩子产生恐惧的感觉。如果这一个例子不足以说服你的话，那么就请你回想一下自身的经历吧。在父母大声对你说“不准打开那个柜子”“不准碰那样东西”“不许你到更远的地方去”这类话的时候，你是否会不由自主地产生震颤恐惧的感觉呢？这感觉正是那句大声的“不准”带给你的啊！

还有一些父母，习惯性地在使用不准这个词汇的同时，用较为粗暴的行动制止孩子正在做的事情。例如，父母发现幼小的孩子正在碰热水壶，情急之下他们会在说不准的同时狠狠地打掉孩子的手，以防孩子被烫伤。在这种情况下，孩子所感受到的疼痛和刺激会令孩子对不准这个词汇和他此时正在接触的东西产生强烈的恐惧感。有些父母为了让孩子牢记他犯过的错误，会在孩子犯错误的时候故意击打他，在这种情况下孩子们也会产生恐惧之感。你可以回想一下，在孩提时代，父母一边对你说以后不准怎样做一边打你的时候，你心中的恐惧感是不是比肉体上的疼痛更加厉害呢？由此可见，不准这两个字的确会令孩子们产生不亚于重锤的恐惧感。这也提醒父母们在使用不准这两个字时一定要慎重。你认为平淡无奇的两个字很有可能在孩子幼小的心灵中形成惊涛骇浪，对他们日后的生活产生巨大影响。如果我们恰当地使用这两个字，我们也许可以帮助孩子们少犯一些错误，少受一些伤害。但是，如果我们对这些词汇使用的次数过多，我们不但不能帮孩子们规避风险，反而会让他们的心灵蒙上一层阴影，让他们对自己的言谈举止产生怀疑，进而产生自卑的情绪。不仅如此，如果一个孩子在日常生活常听到不准、不行、不允许这样的词汇，他可能会失去探索新鲜事物的勇气，这对他以后的成长是极为不利的。

7. 减少儿童的恐惧反应，父母应该怎么做？

在前面的章节，我们已经详细讲述了令孩子们产生恐惧反应和消极反应的因素：突如其来的噪声、失去平衡以及父母的不准。那么，父母究竟该如何做才能减少孩子的恐惧反应呢？

很多父母对这件事产生了误解，他们认为稍微高一点的声音会让孩子们产生恐惧，因此他们不管做什么事都是小心翼翼、紧张兮兮。走路的时候他们会不由自主地踮起脚尖，说话的声音近乎耳语，闲暇的时光里他们也不再如痴如醉地欣赏动听的乐曲，钢琴也被闲置在一旁无人问津，甚至连家中养的宠物也送给了别人，唯恐出现什么声音令孩子感到恐惧。事实上父母大可不必如此，因为孩子只会对那些突如其来的声音感到恐惧，平常家中的响动是不会惊扰到孩子的。父母大可以正常与人交谈，像往常一样走动，也不必为了孩子割舍自己的爱好。要知道你的爱好有朝一日也有可能成为孩子的爱好，让他们的生活变得更加多姿多彩（只有当孩子生病的时候我们才需要悄无声息地做自己要做的事情，因为病中的孩子会比其他时候更脆弱、更容易受到外界声音的惊扰）。

那么，究竟有哪些事情是我们为了防止孩子产生恐惧必须要做的呢？下面我们可以尝试列举出一些：

在日常生活中我们要注意关好门窗，不让它因为外力而左右摇摆发出声响惊扰到孩子。

我们要保证安装在屋顶上的物品，比如吊灯是结实牢固的，不会突然掉到地上。

我们在选择家具时也要注意不选择那些塑料制造的容易倾斜的物品，而要选择木质的，确保它们不会突然歪倒在地。

如果条件允许的话，我们要选择比较安静的住址，远离闹市区，不让孩子受到叫卖声、争吵声的影响，此外在选址时不能选择靠近马路的地方，以免孩子被屋外传来的汽车发动声、狗叫声所惊吓。

父母在儿女面前时要保持冷静，不能大声哭泣或是彼此责怪争吵。因为这同样会令孩子们感到恐惧，甚至会让已经懂事的孩子对婚姻产生恐惧和躲避的消极反应，影响以后的婚姻生活。

我相信如果父母能做到以上所说的这些，那么孩子被噪声惊扰的概率就大大减小了。这并不代表我们能帮助孩子们消除所有因噪声产生的恐惧，因为我们对有些噪声，例如电闪雷鸣之声的出现是无能为力的。

但如果你认为只要做到这些就能高枕无忧，不必担心孩子会因为外界因素产生恐惧之情，那你就大错特错了。因为我们还没有做出足够的、恰当的措施避免孩子因受伤和失衡感到恐惧。我们究竟应该如何做才能防止孩子因受伤和失衡产生恐惧呢？以下是我的几条建议：

我们要将剪刀、针、小刀这些锋利的、可能会伤害到孩子的东西放在孩子碰触不到的地方，我们在给孩子穿衣换尿布时也要格外留神不要让孩子们因为衣服或尿布松紧不合适而感到不舒服。

在孩子吃饭时我们要想办法用木板将孩子的身体固定在椅子上，防止孩子吃饭时从椅子上掉落下来。

除了这些之外，我们还要注意谨慎地使用会令孩子感到恐惧的不准、不可以等字眼，防止孩子因为过度恐惧而产生自卑的心态。与之同理，我们不能轻易打骂孩子，即使逼不得已一定要用体罚，让孩子认识到他所犯的错误，也要注意下手的分寸，如果下手过重，不但不能起到警醒孩子的目的，反而会对孩子的身体造成伤害，让孩子对父母产生怨恨。

我相信如果父母愿意按照我提出的建议去做，我们一定可以减少恐惧带给孩子的伤害，让他们能够更积极、更勇敢地面对自己的人生。

8. 恐惧完全不应在孩子的生命中出现吗？

在上文中我们着重探讨了恐惧产生的原因以及一些预防措施，希望能减少孩子在日常生活中产生的恐惧。但这是否意味着恐惧只会给孩子带来不良的影响？是否意味着父母应该杜绝恐惧的产生呢？下面我想对大家谈谈我对这个问题的看法。

我认为有些时候恐惧的产生是有必要的，这样做绝不是为了树立父母的权威，而是为了使孩子养成较为良好的行为习惯，保证他们能更好地适应社会以及保证自身的安全。举个例子，当一个孩子以放火为乐时父母应当采取一些手段，使他对这件事情产生恐惧之情——如果人们放任他将这个爱好发展下去，很有可能会危及他和别人的安全，造成难以承担的恶果。再比如说，有些孩子在年幼时经常去破坏别人家的玻璃，这种行为不但会给自家带来经济上的损失，还会让我们与他人交恶，影响我们的人际关系。此时我们就有必要告诫孩子这样做是错误的。我想一开始的时候我们应该心平气和地与孩子讲道理，而不是使用恐惧逼他们就范，正如上文所说孩子的情感基调早在幼年时就已经形成，如果我们在生活中令他们产生了不好的情绪，那他们以后的心态也会受到影响。

但是有些时候，道理并不能让调皮的孩童放弃他们错误的爱好，这时候，我们只能用恐惧这种方法阻止孩子们犯错。由此可见，在某些时候恐惧的存在是非常有意义的。

一般而言，制造恐惧的方法有两种：一种是大声训斥。在上文中我们已经提到过，巨大的声音会引发孩子与生俱来的恐惧之感，在父母训斥孩子的时候，巨大声音带来的恐惧之感会转嫁到训斥内容的身上。还有一种方法就是在孩子犯错的时候体罚。当然这样做的时候父母必须把握好分寸，盛怒之下，尤其不该对孩子下手，否则不但达不到想要的效果，还会令孩子对父母产生误解，影响家人之间的感情。

有些父母认为，无论如何都不应该对孩子进行体罚，但是事实证明，有些时候利用体罚造成的轻微疼痛令孩子对某些事情心怀恐惧是非常有必要的。比如说，有些孩子在年幼时会依仗自己的武力欺辱年幼的同伴，父母一旦发现这种事情，是很有必要用体罚的方式让孩子明白自己的所作所为是错误的，是不可以被姑息的。如果我们只用训斥没能达到我们想造成的恐惧后果，让孩子再次犯这种不可饶恕的错误，那么不管是对他自己还是对那些被欺负的孩子，都是一场灾难。既然如此，这种用体罚制止孩子犯错的方法就有它的可取之处，这种体罚与黑暗时代的鞭挞等刑罚是有本质区别的，它的存在不是为了让孩子屈服妥协，失去自己的主见，而是为了让孩子及时改正自己的错误，远离未知的危险，拥有光明坦荡的人生之路。

当然在教育孩子的过程中，父母应当扮演的是引导者的角色。我们不能总是用肉体惩罚来防止我们的孩子犯错，这容易让没有形成正确是非观的幼童怀疑父母对他们的感情，也会让他们常年处在压抑的生活状态中。为了避免这种情况，我们应当重视对孩子个人兴趣的培养，让他们的每一天都过得充实。当他们沉浸在画画、下棋等安全有益的乐趣中时，他们就不会对不该碰触的危险品，例如煤气罐、刀叉等物品产生兴趣。当他们在书籍绘画中增长了见识，形成了正确的价值观之后自然明白什么是正确的，也就不会再有那些我们必须加以惩罚的举动。这样既保证了他们的安全，也可以让他们一直保有阳光乐观的心态，可以说是一举两得。

9. 该如何摆脱你，那消极的恐惧

我们知道恐惧的产生是永远无法避免的，且孩子的恐惧一旦形成就会根植在他们的心里，凭借他们自己是无法消除的。举个例子，如果一个孩子曾经被狗咬了一口，他就会对狗产生恐惧。如果我们对此不加干涉，那么不管时间过去多久，当他面对犬类时仍会胆战心惊。如果一个孩子曾在泳池中溺水，那么在以后的日子里他会一直躲着水走；如果一个孩子曾经被火灼伤，那么他就会对火产生强烈的恐惧之情，一见到火光就会远远地避开。诸如此类的例子还有很多。父母可以对孩子的某些恐惧置之不理，因为这些恐惧可以帮助孩子恰当地避免可能的伤害。但是还有一些恐惧对孩子的生活是不利的，举个例子，孩子每次一坐上火车就觉得难受，久而久之他对火车产生了恐惧，不敢坐火车出行，毫无疑问，这会对孩子将来的生活造成很大的不便。面对这种类型的恐惧父母不能听之任之，而是应该帮助孩子消除这些恐惧。

那么究竟应该如何消除孩子内心这种有害的恐惧之情呢？父母都有自己的办法，但这些方法往往达不到父母想要的效果。例如，他们会通过讲童话故事的方法，告诉孩子他所恐惧的动物其实是不堪一击的，试图以此消灭孩子内心的恐惧。但这种方法给孩子带来的宽慰，远远不足以消除真实的动物带给孩子的恐惧。有些父母试图用挖苦讽刺的方式消除孩子内心的恐惧之情，他们会讽刺孩子说，你连这种无害的小动物都害怕真是太胆小了。事实上这种方式也不能减轻孩子的恐惧，只会让孩子变得更加沮丧和卑微。

既然父母使用的方法都无济于事，那么我们就不妨尝试一下琼斯夫人在实验室里发明的办法。

当孩子饥肠辘辘地准备享用午餐时，我们将他们恐惧的动物放置在他们能看见的地方，第二天我们将它们放得离孩子更近一点，一旦孩子露出害怕的神色就将它们放回原位。这样循环往复，当有一天孩子可以容忍他们所恐惧的事物出现在餐桌上，他们的恐惧也就消弭于无形了。我们将这种方法称之为反条件作用，这种方法可以消除孩子对皮毛动物的恐惧。

事实上这种方法不仅可以消除孩子对动物的恐惧，当孩子对光线产生恐惧，或是因为在某件事情上受伤从而对这件事情产生恐惧时，我们也可以用反条件方法帮他们克服恐惧。举个例子，当孩子对黑夜产生恐惧时，我们可以在孩子上床后，在他能看到的地方留一盏微弱的灯光，以后每天晚上都将这灯光调得稍暗一些。如此几日过后，即使没有灯光孩子也能安然入睡了。

当孩子在跑步训练中受伤后，并因此对晨跑产生了恐惧，我们可以先将跑步训练停止几天，待孩子的心情得到平复再安排他们用竞走代替晨跑，并在每天竞走结束后让他们稍微跑上几步，此后每天慢慢加长他们跑步的时间。这种情况下，过上一段日子，孩子就能克服他们对跑步的恐惧了。

当孩子在篮球比赛中受伤对打篮球产生恐惧时，我们可以先暂停他们的比赛。以后的几天，我们可以与他谈论他打篮球时取得的成就，当我们察觉到他的躲避反应不再明显时，我们可以从简单的运球运动开始，一步步让他进行篮球运动。这样一段时间之后，他对篮球的恐惧就烟消云散了。

诸如此类的例子还有很多，它向我们证实：反条件作用可以帮助孩子们克服各种各样的恐惧，并建立起良好的行为习惯。但是想让一个孩子彻底摆脱恐惧不仅需要反条件的训练，还需要父母耐心的陪伴。条件训练往往需要用很长时间，在这个过程中，如果没有父母的陪伴和开导，孩子很有可能因为内心的恐惧对这种训练产生排斥。他可能会看到动物就停止进食躲到别的地方，不愿意听人说起与篮球有关的事情，这种情况下，我们就无法用这种方法彻底消灭孩子的恐惧。因此我们说，如果想彻底消除恐惧，就需要让孩子在父母的耐心陪伴下接受反条件的训练，我相信父母会非常乐意用这种方式帮助孩子摆脱恐惧的干扰。

Part 06

习惯剖析
——习惯的产生、维持与丢弃

婴儿时期，人的发展是十分不稳定的。行为主义者通过 1 岁的猴子和 1 岁的婴儿之间的对比得出结论，认为有机体进入动物系列的层次越高，则会更加依靠那些习惯行为。

那么，究竟有哪些因素影响着我们的动作习惯呢？这个问题尚未得出令人满意的答案。行为主义者进行过很多次的实验，但是结果是存在矛盾的，不过，从理论上来讲，也有一些值得我们思考的变化。我们可以从中找出一些问题，通过我们如今所进行的研究来举例说明，以便解决这些问题。

习惯的形成是建立在条件反射的基础上的，那么习惯与条件反射之间的关系是什么样的呢？习惯又是怎样形成的呢？如何看待习惯形成的过程，应该会有一个方法更加简单有效，不然这个问题也很难得到解决。行为主义者通过对婴儿进行观察，得出了一些结论。

1. 儿童习惯的养成之路

人类儿时处于一个不稳定的发展状态，由于所有的组织都处于非习得的活动中，所以人类组织尚无法抵御野蛮侵犯。

我们在 1 岁的猴子和 1 岁的幼儿之间做一个发展方面的比较。1 岁的猴子已经能跳跃、冲撞、发出与成年猴子一样的哭声。在遭遇袭击时，它会尖叫着拿起一根木棍或别的一些可以充当武器的东西，飞快地逃到角落中去。但猴子的父母放下食物去解救它时，它马上就会停止尖叫，并趁机偷取食物槽里的食物，一旦被回来的父母发现，就会发生撕咬争夺的情况。通过 1 岁的猴子的行为，我们不禁联想到举止老成、精于人情世故的 12 岁的报童的言行举止。而一个婴儿 1 岁时的情况则与猴子大相径庭，他还处在吸吮母亲的乳汁或从奶瓶里喝奶的时期，不会说话，想要移动只能依靠爬行或者依靠家具的支撑，他们必须有家长的保护才能生存。通过上面的例子，我们可以看出，有机体进入动物系列的层次越高，习惯行为就会更多地被依靠。

我们都知道，通过触摸、视觉、听觉、温度觉、味觉等感觉，婴儿、幼儿不断地受到刺激。当然，通过来自分泌和压力的存在与缺乏，肠道中食物的消化与体内横纹肌、非横纹肌，婴儿和幼儿也可以接受刺激。总而言之，人类所在之处，刺激总是不断的。由于这些刺激从外部、内部作用在一个人身上的时候，这个人必定会产生活动，所以人才会有这样的结构。我们所认为的环境，包含两部分：由这些外在世界物体，也就是如视觉、听觉、嗅觉、味觉等这些所构成的——我们可以把这些刺激看作人类环境的一部分，也就是人类外部环境；而来自内脏的、体温的、肌肉的这些刺激等——不管是否有无条件，都是客观存在的，我们把这些叫作内部环境。内部环境不是共有的，每个人都不尽相同。在关于环境和遗传的相对影响的讨论中，往往会遗漏掉人的内部环境。在两种刺激共同作用的情况下，人们不会只对内部环境做出反应，当然也不会只对外部环境做出反应。举个例子，一个乞讨的孩子在胃收缩的刺激下偷偷拿起店里一个面包，可当他看到警察，他会放下手，勒紧腰带，一溜烟地跑走。

人类被这些来自身体外部和身体内部的强有力的刺激共同刺激着，从而导致手指、手臂、腿、脚等的活动，还有人体内部的那些腺体反应器官的反应。这样的活动在婴儿期是“随机的”，如果你能够想出一个好办法，使相似的活动不会引起他们的活动，那么这样的活动就不再是“随机的”。在后来的生活中，这些活动会变得越来越有秩序和有规则，它并非静止不动，人们在睡梦中也会被刺激所影响着，

关于“顺应”这个词，最近这段时间里我们常常从精神分析学家和心理学家那里听到。在行为主义者看来，顺应的人是一个对于任何的刺激都不会产生反应的人。我们曾经进行过一个试验，通过试验我们了解到，一个人对刺激A做出反应，然后紧接着他对刺激B做出反应，来改变他现在所处的环境，因此会出现两种不同的情况：一是刺激B的出现导致刺激A被除去；二是因为刺激B所产生的反应可以改变这个人现在所处的环境，所以他忽略了刺激A。简单来说，就是在第一种的情况中，刺激A被消除了，而在第二种情况中，刺激A处在一个新的环境以后对个体的作用停止了。举例说明第一种情况，一个孩子觉得很饿，他的胃开始痉挛，于是他就开始到处去寻找食物。他到了一个有着很多食物的环境之中，开始吃东西。在他开始吃东西的时候，他的胃痉挛会马上停止，这就是“顺应”作用。孩子吃饱以后，将不会再受到饥饿对他所产生的刺激，但是，其他非食物的刺激会马上对他产生影响，并且引起其他反应。这就证明了我的论点，那就是有机体无论如何都不会被顺应，这一点是十分明确的。下面我来举例说明一下第二种情况，一个孩子准备睡觉，他躺在床上，窗外的灯光通过窗帘的缝隙照射在他的脸上，他动了动，可是光线仍旧照射在他的脸上。于是他继续扭动，可是情况并没有得到任何改善，然后他把被子拉高，把自己的脑袋埋进被子里面。但是这样太热而且很憋闷，他很快就从被子

里面钻了出来，光线依然照射在他的脸上。于是他起身在窗帘的缝隙处贴上了一张厚卡纸。通过这两个例子我们可以看出，这两种情况并不是完全不同的，个体虽然摆脱了刺激，却只是其中一个刺激而已，其他的刺激对他仍旧会产生作用。那些心理学家们所说的“顺应不良”一般指的是个体摆脱促成刺激的范围被两种对立倾向的刺激抑制住了。不过，即使是这样，“顺应”一词仍旧是合适的，它可以用来表达我们所要表达的意思，那就是一个个体，通过他的活动，使一个刺激得以平息或者促使自己摆脱这个刺激的范围。其实我们之所以会去解释“顺应”，就是因为有些事情是与我们的实验结果相似的，比如一个动物获得水、食物或者是摆脱一个会对它产生消极反应的刺激等。

通过我们的论证，我们可以知道，对于“遭遇的情境”，个体是有一个组织来适应的。这就说明，个体必须去形成一种可以除掉刺激 A 或者摆脱刺激 A 的有效范围的习惯。面对饥饿，1 岁的孩子只会哭，而他已经可以自己到餐厅去吃饭了；面对刺激到眼睛的光线，3 岁的孩子只会呼喊他的父母来帮忙，而他已经可以自己爬起来在窗帘的缝隙处贴上一张厚纸了。

我们所有习惯的基调，都是由这些构成的。个体受到了一些内部环境或者是外部环境的刺激开始活动，他能选择各种各样不同类型的方式来进行活动，直到他除掉刺激 A 或者是摆脱刺激 A 的刺激范围。如果哪天再次回到这种相同的情境之中，那么，他会使用更多、更为迅捷的方式来达成他的目的。这时候，我们就可以说，他已经学会了一种习惯，或者是他已经形成了一种习惯。

至于到底何种因素在影响着我们的动作习惯，这个问题至今依然没有找出令人满意的答案。我们进行了多次试验，这些实验结果之间存在冲突和矛盾，但是就理论方面而言，也有值得我们考虑的变化。这是个十分吸引人的问题，那么，我们应当用何种方法解决呢？我们可以通过我们现在正在进行的研究来举例说明，以解决这些问题。

首先是年龄对习惯所造成的影响。年龄对人类习惯的形成是否有影响？影响的强度如何？关于这些我们了解得非常少。在老鼠迷宫实验中，我们已经了解到，不同年龄的老鼠对于迷宫学习的方法是不同的。在学习迷宫中，所需要尝试的次数，也不会因为年纪大或年纪小，就存在大的差异。

与动物不同的是，人类停止学习太快，因此说，应该有一些东西不时地进行干扰，促使人类去学习新的东西。然而，对此我们找不到合适的方法去控制它，但是对动物我们可以做到。我们通过对它所需要的食物、水、性和其他因素进行控制，而对我们人类却无法做到这样的控制——不管是孩子或是成人，我们都无法掌握。也正是这种情况，在实验中很少用人来作为实验对象。心理学家都明白，不可能对实验体给予不断刺激，不同的实验室，所给予的刺激也不可能完全一样。可以这样说，在关于人类学习研究这一领域，我们并没有真正的仪器来帮助我们进行研究。通常，对这个问题的研究也只是附带的。

其次是练习分配。学习中各种练习分配是在动作和言语领域中最值得我们研究的工作。对不同的动物组使用不同的训练方法，我们发现这样一个结果，在一个特定的限度内，它们练习的次数越少，效率就越高。也就是说，如果每组老鼠只有 50 次的尝试机会，它们每次练习的间隔越长，所取得的效果就会越好。这一点在其他的研究中也已被证实，例如拉什利博士（Dr.K.S.Lashley）对人类学习发射英国长弓的研究中，也发现了这个规律。

广泛地分配练习，能带来更好的结果只是一种猜测。就学习方面而言，如果只有长时间实践才能有效的话，那么人是无须集中训练的。但我们的实践需要有时要求我们这么做。

通过这些实验让我们认识到，人类在学习的时候，尽管可以支配的时间并不太多，但只要可以很好地运用这段时间去集中学习，哪怕中间间隔一段时间，也可以取得很好的结果。

再次是获得机能的练习。机能指的是通过一段时间充足的练习之后，使某一特定动作的学习曲线不再提高，而是保持在一种水平状态。机能是一种习得习惯。有很多人认为，白天的工作效率比晚上的工作效率更高，可是经过我们研究发现，并没有证据证实这一说法的科学性。在我们的实验中，被试者与被试者之间的竞争一直存在，在整个时间段内情境的刺激作用也贯穿始终。而有所变化的是，在一天之内或者某天的某一个时间段，练习的效率会降低。其原因可能是饥饿或者别的什么，不过到底是由于何种原因所造成的，我们并没有从实验中获得准确的答案。

最后是药物对机能练习的影响。那么在机能练习中某些药物是否能够帮助人们获得更好的表现呢？我们从一些报道中可以了解到，他们用相似的方法测试药物对特定机能的影响。可卡因、士的宁、酒精、咖啡因以及甲状腺素、肾上腺素的服用等是否会对机能练习产生一定影响，人们都做过试验，并且有了专题性论述。我想告诉大家，在我投掷标枪的研究中，在我身上，药物对于记分并无任何影响，但是在其他人的身上，药物对记分的影响还是非常大的。当然，如果大剂量地使用可卡因和士的宁，必然会对整个神经的协调产生负作用。

2. 条件反射是一种习惯吗？

为了了解习惯的形成，我们再次对婴儿进行观察。下面我们以一个尚在哺乳期的婴儿为例子进行讲解说明。在这个婴儿 3 个月大的时候，我们拿一个奶瓶渐渐靠近他，这时候你会发现，当他差不多能够到这个奶瓶的时候，他的身体会开始活动，手脚也更加灵活，甚至眼神都会专注地看着奶瓶，嘴里还会发出叫喊声。不过有一点需要注意，他并不会伸手去够奶瓶。第二天继续重复第一天所做过的事情，孩子的身体运动会比前一天的时候更加明显。之后每天都重复这个过程，孩子的所有身体运动都会更加明显。为了完成大幅度的动作，孩子的手臂起到了杠杆作用，躯体、腿、脚也同样起到了另外一种杠杆作用，不过躯干和腿的这种杠杆作用比手臂的杠杆作用更加有力，只不过活动范围小很多。在这样的情况下，孩子手臂先碰到奶瓶的可能性要比身体其他部分大很多，这也是我们习惯用手、手指、手臂来操纵物品的原因。当然，如果一个孩子在他婴儿时期就失去了手臂的话，那么他也会用脚和脚趾来完成。

为了可以更好地进行研究，我们还用了别的食物。我们拿出一块孩子可以够得着的糖块，他不用学习就知道伸出自己的手臂来抓取这个糖块放到自己的嘴里。每天进行 10 到 20 次的重复试验，30 天后，这种类型的动作就已经可以完成得非常好了。不过，形成这种对于奶瓶糖块的视觉反应是有一定的前提条件的——这个婴儿必须一直使用奶瓶喂养，而且经过反复的训练。

我们需要注意的是，奶瓶的刺激也带来了其他复杂的反应。比如，蠕动之后就会有更多像手指活动、手臂活动这类的积极活动。反应在“整合（Integrated）”，它在不断组织、变化着。越来越多的反应整合在一起，变成一种更为复杂的新的反应，然后发生作用。

在孩子的手指、手和手臂的活动渐渐趋于完美的时候，一些诸如腿、脚的活动等与手部活动无关的活动会消失不见。由于手构造的完美，产生了完美的效用，那些不需要的活动在这一过程中自然也就会消失了。拿取物品这种孩子最为基本的动作习惯会很快变得复杂起来。他学会拿、握和扔东西的速度会非常快，而且孩子能够拿的不仅仅只是他面前的这些物品，还有他前后左右的物品。之后，反转物体与推动物体也很快被他学会了。他能把盒子上的盖子拿起来，还可以把酒瓶的软木塞拔下来。因为我们的操纵习惯，才有了这些复杂习惯的出现。通过自身的努力，婴儿们学会了操纵物体，还有他们自己的身体。

任何一个精确动作的实施，都是身体所有部分共同协作的结果，这就是整体反应，也是我们所说的“完美整合（Perfect Integration）”。手指、手掌、手腕、手肘、手臂、肩膀、躯体、腿、脚的运动，还有呼吸、血液循环等，都由精确安排的秩序来进行。在这种秩序里面，皮肤在完成任何一个细微动作之前，每一组肌肉的能量总和都得以分配。这些细微的动作可以是一箭射中天空中飞翔的鸟儿的翅膀，或者是打出一记漂亮的高尔夫球。

婴儿有了这种拿取和操纵物体的早期基本习惯以后，就开始把握世界了。习惯的形成是建立在条件反射的基础上的，人们通常把它分成三个阶段：一是不自觉行为，在这个阶段里，需要外力进行教育和监督，再对已经形成的条件反射进行不断的强化教育，从而使之成为习惯。二是自觉行为，在这个阶段里面，需要有自制力，依靠的不再是外部的监督，而是内部的自我监督。这个阶段也同样需要反复不断的强化，只不过与第一阶段不同的是，行为习惯如果遭到破坏的话，自我内部调整就可以了，当然这需要个人的意志力足够强大。三是自动化，也就是类似于人们所谓的“本能”，在这一阶段，监督和意志力都不需要了，因为已经是行为习惯了。举个例子，一个孩子形成了良好的学习习惯，那么他就会自觉地去学习并且认真学习，他会主动看书、写字，主动进行课前预习。对他来说，学习是一种很大的乐趣。

从理论上来讲，条件反射和习惯之间有着十分简单的关系。从表面上来看，这两者之间是部分与整体的关系。换句话来说，条件反射是已经建立起来的整个习惯中的一个单位。也就是说，如果我们把一个复杂的习惯分解成无数的单位，那么这每一个单位都是一种条件反射。就像是孩子在学习整个迷宫的过程之中发生的事情，在迷宫中，任意一个转弯，任何一条道路，这些都是学习迷宫的这一整个过程中的一个单位。弹钢琴、打字还有其他相类似的一些具有特殊技巧性的活动也可以在这样的系列单位中进行解析。不过，在我们平日里的生活中，在我们有机体做出正确反应的时候，我们为了让孩子形成条件反射，有时候会用食物或者哄骗的方法。如果孩子有一个错误的反应，那么我们经常会打击他或者惩罚他，有时候还会让孩子继续走这条错误的路径，也会因此生出一种疲于奔命的感觉。

3. 习惯是有记忆的，还能自动删减行为

我们以一个 3 岁孩子为例，这个孩子的操作习惯已经形成得比较好了，不过这个孩子的这种操作习惯对于打开一个问题箱子来说，还是不够的。只有在了解并且拥有了某种机能以后才能够打开这个问题箱子。比如，这个箱子有一

个内在的用木头制成的小型开关，他必须要按它才行。我们事先告诉他，箱子里面放了很多美味的糖果，然后把箱子给他，告诉他只要他可以打开这个箱子，我们会把箱子里的糖果给他。这种时候，他之前所形成的操作习惯已经无法帮助他了，而非习得的各种反应更不可能帮得到他，这种情况之下，他应该怎么办呢？他先前的组织是他必须要依靠的。假如他使用他之前那些控制玩具的组织来应对目前的问题，那他会马上以此来应对面前的问题：（1）拿起这个箱子；（2）把箱子狠狠地砸向地板；（3）拖拽着箱子转圈；（4）把箱子向踏脚板推；（5）用他的拳头砸箱子。也就是说，他使用之前各种他所习得的、可以应对简单问题的反应这个技能。我们来做出一种假设，我们假设这个孩子的习得与非习得的独立反应有 50 种。我们假设他在他第一次尝试努力打开这个箱子之时，已经差不多用尽了他拥有的习得反应，这个过程大概用掉了 20 分钟的时间。然后他打开了这个箱子，我们给了他一部分糖果，并再次合上了箱子，把箱子给他。他第二次打开这个箱子的时候，所用的活动就比第一次少了很多。等到了第三次，他所用的活动就更少了。在这个试验进行了差不多 10 次的时候，他就可以丢弃掉一些没有用处的活动，花费的时间更是大大缩短，仅仅用了 2 秒。

那么，为什么所花费的时间会缩短呢？那些在打开箱子时不需要的动作，会在这整个活动的过程中慢慢消失不见，这又是什么原因造成的呢？这个问题很难解决，因为我认为我们之中没有人真正使用实验的手段来解决这个问题、简化这个问题。我想要向大家解释，为什么那些被我们称作“频率”（Frequency）与“最近基础”（Recency Basis）的东西，有一种最后可以坚持下来，而其他全部都消失不见了。

现在，我们把这个 3 岁孩子的每一个独立活动都指定一个数字。最后一个活动，也就是按动那个小型木制开关，我们把它指定为 50。

所有尝试之中的这 50 项活动次序随机显示，让我们来看一下这些次序：

第一次尝试：

48，23，4，8，12，14，18，48，2，…，50

第二次尝试：

13，7，46，39，23，27，16，…，50

第三次尝试：

11，17，29，41，26，19，…，50

……

第九次尝试：

17，24，…，50

第十次尝试，成功：

50

这就告诉我们，在这一整个系列之中，50出现的越来越早，而且因为不断尝试的结果，其余活动出现的机会也是逐渐减少。那么，这是什么原因呢？我们可以认为，只有50这一个活动是在每次尝试中都会出现的。换句话说，50是这整个系列中的最终结果，一个人使用了整个结果来处理我们的实验中一系列安排的环境，就是孩子拿到了糖果以后，我们将箱子合上并且再次把箱子给他。所以，我们可以看出，最频繁重复出现的活动就只有50这个活动，它出现的次数比其余的49个活动要频繁得多。

因为在先前的尝试里，50总是会成为最后尝试的反应，所以，我们有理由相信，在下一次成功的尝试里，它会很快出现。也因此，我们称之为最近的因素（Factor of Recency）。

对于用频率的因素和最近的因素来解释习惯的形成，有些学者持批判的态度，他们认为习惯是由于他们善良的内心才得以形成的。如桑代克（Thorndike），他认为活动的成功会给人留下开心的记忆，而失败的活动则会给人留下沮丧的记忆。但是迄今为止，还没有人在这个领域里做过一次十分重要的实验性测试，至少在我看来是没有的。而且很可惜的是，关于这个问题，大多数的心理学家都对此不感兴趣，甚至不觉得这是个问题，对此感兴趣的只有极少数一部分人。

这样的解释是否能够解决这个问题，我不敢肯定。我觉得，对于如何看待习惯形成的整个过程应该会有一个更为简单有效的方法。不然这个问题是解决不了的。

4. 儿童吮指的原因、危害与解决办法

在儿童社会化的过程中，我们需要注意的是儿童的吮指现象。这种现象从婴儿出生 3 个月到 4 个月开始出现，他们会津津有味地吃着自己的手指或者脚趾，这是婴儿与生俱来的反应。等到他们长大了一些，只要是能够被他们拿到手里的，无论是什么都会放进自己的嘴里吃一吃，不管那是一个小玩具还是一只旧袜子。看护婴儿的人稍不留神，就会有这种情况发生。你把奶瓶给了孩子然后去忙你自己的事情，并没有等孩子喝完拿走奶瓶。孩子喝完了奶瓶里面的奶，就开始咀嚼奶瓶上面的橡皮奶头。当然，也有很多人喜欢在孩子哭闹的时候，用安抚奶嘴来安抚孩子，让他可以平静下来。于是我们看到，有很多的孩子嘴里塞着安抚奶嘴，这些孩子有的醒着，也有的睡着了。我不得不说，这种无知的行为，给孩子的健康埋下了很大的隐患。

吸吮是人类降生在这个世界以后最早的进食方式。在婴儿期，婴儿就是用“吸吮”的方式来满足自己的食欲。在婴儿期吸吮手指是正常的，这种现象源于婴儿在子宫内的位置。如果在婴儿出生后的几个月内，我们一直观察他的行为的话，就能够清楚地知道婴儿出生前手的位置。在这段时期内，婴儿通常不会把手放到腰部以下的位置。所以，他寻到他的嘴就没什么好稀奇的了，因为这是件很自然的事情。之后，他才发现了他身体的其他部分。而他发现嘴也是作为用于“实验和错误”的一种方式。婴儿平躺在他的小婴儿床上，不断地挥舞他的拳头，或者他的手在脸上蹭过。当他的手指触碰到了他的嘴时，他的动作会停止，不再继续进行下去，也就是说婴儿的试错动作停止。然后你就会发

现，他把手指含进嘴里开始吮吸手指，这反应是与生俱来的，不需要进行任何学习。吮指这一行为和习惯，是婴儿与生俱来的，也是婴儿对新环境的一种熟悉的条件反应。

我们知道，婴儿吮吸手指的一部分原因是因为他自身的进食方式和习惯。那么我们就可以知道，为什么那些长期处于饥饿状态的孩子或者身体受到刺激而焦虑无助的孩子会出现吮指现象。可以说，这种现象在很多管理不善的孤儿院、育婴堂中经常可见。

那么，吸吮手指会给孩子带来哪些危害呢？

首先，这种习惯会影响孩子的健康。由于孩子手指会带有许多细菌，这些细菌一旦侵入孩子的身体，就会导致一些肠胃感染或者是其他病症。所以说，吸吮手指这一习惯会引发疾病，对孩子的身体健康有着极大危害。

其次，孩子经常吮吸手指会影响牙齿排列形状和孩子的外貌美观。孩子吮手指的时候，手指会在口腔上部和上牙内侧产生一个向外的力。因为吮吸的力度，手指会向外推上牙，这种情况就会导致孩子的上牙往外突出或者是变形，从而对孩子今后的咬合、咀嚼造成困难。吮吸时间过久，会干扰孩子上颚和下颚，使它们无法正常生长，从而形成上颚前凸、噘嘴这样的畸形，改变了孩子的容貌轮廓，影响孩子容貌美观。

再次，吮吸手指可能会让手指受伤。如果孩子长期吮吸手指，手指一直浸泡在孩子的口水之中，皮肤会变得脆弱，很容易破皮、发红、肿胀，如果不及时发现可能还会引发感染。而且长期吃手指还会对孩子手指骨骼的正常生长发育造成严重影响，很可能会引起孩子手指的关节变得弯曲无法伸直，从而变得畸形。

最后，吮吸手指的习惯还会给以后的成长发育埋下隐患。孩子吮吸手指的时候，精神得到了很大的满足，他们很容易满足于吃手指这一乐趣，从而不愿意去参加其他活动，这些都会对孩子的身体、心理还有智力的发展产生相当大的不利影响。我们的调查显示，那些缺少关爱或者是缺少心灵慰藉的孩子，十分容易养成吮吸手指的习惯。如果这一习惯长期得不到正确的引导，就会影响孩子未来的个性与发展。而且大一点的孩子吮吸手指也很容易被其他的孩子嘲笑，这会让被嘲笑的孩子感到十分难过。如果这个孩子是因为一些压力或者自身的紧张而不自觉地去吃手，那么这个孩子的内心会因为这些来自其他孩子的嘲笑变得恐惧和脆弱，给孩子的心理造成极大的伤害。大家细心观察会发现，很多青春期的孩子甚至是一些成年人，也会有咬手指、咬指甲等习惯，尤其在他们感到紧张、沮丧、自卑的时候，经常会使用这种方式来放松自己。这种习惯是从小时候一直保留下来的，一个人一旦到了一定年龄阶段，想要纠正一些习惯就变得更加困难，这种情况甚至会被当作精神病的特征之一。

儿童在吮吸手指的时候，会让他觉得十分有安全感，还会减轻他的紧张和焦虑，让他感觉很舒服，心情十分愉悦，于是他就养成了吮吸手指的习惯。如果你在他吮吸手指的时候阻止他，会引起他情绪上的消极反应。我们的观察表明，有这种习惯的孩子，对于周围的玩具和其他物品都提不起太大的兴趣。要知道，这些玩具和物品都是我们在平日里对儿童行为进行观察研究训练的实验中经常使用的、十分有效的物品。我们还发现，当儿童在吮吸手指的时候是十分专注的，他对于外界的危险刺激没有什么太大的反应，甚至不会出现反应。这一点是我们需要注意的。

纠正儿童吮吸手指的最佳时间是在他出生之后的几天内。如果发现孩子的手指总是冲着他的嘴的方向去，并且在他醒来的时候，手指就去触碰自己的嘴，这种时候，你要及时把他的手挪开。在他困了想要睡的时候，你把他放到婴儿床里时，要注意孩子的手是不是已经被他的被子包裹住了。你需要经常去看他，在他睡觉的时候，看他的手有没有从被子里面滑出来。等他到了 1 岁以后，就能够让他把手放在被子外面了。

如果孩子吮吸手指的不良习惯已经形成了，那就需要先找出缘由，同时要冷静地对待孩子吮吸手指的行为。若是因为喂养不当，一定要及时纠正，若是其他原因，也一定要耐心纠正。可以跟孩子讲讲吮吸手指的危害，劝说的时候避免用命令的语气。命令的语气可能会毫无效果，而且使孩子觉得紧张不安，严重的话还会觉得自卑、孤单等。一旦这样的情绪产生，孩子就会更加想吮吸手指。

若是劝说无用，可以找块柔软布料做成手套缝在孩子衣服的袖子上。不过做完这些以后，依然要多多注意孩子，因为他很可能还会把手放进嘴里。同时考虑到安全问题，需要时刻检查他的衣服，防止他挣脱衣袖，喉咙被衣服勒紧，从而引发意外情况。这种材质的手套如果无法改变孩子的习惯，可以换一些其他质地的材料。我为此实验了许许多多的材料和方法。我曾经用过 些外观看起来十分笨重的铝手套。但是这个手套并没有产生很好的效果，因为这种材质的原因，孩子总是打击到头和眼睛，而且孩子总有各种各样的方式从中挣脱出来。曾有一些很有名气的医院尝试过这样做：将孩子的肘关节用一块硬纸板包裹起来，让孩子想要吸吮手指的时候没办法到达他的嘴这个位置。可是这个方法并不好，这样，孩子的手在遇到外来刺激的时候不能发挥作用。比如，孩子的脸上落了只苍蝇，他却没办法挥手把苍蝇赶走。

我们尝试过在孩子的手指上涂抹芦荟胶。可是这种方式也没有起到什么好的效果。因为芦荟胶的味道对于孩子来说一点也不美味，在他把手指放到嘴里以后，这种苦味让他的表情变得很不好，但是不一会儿，他习惯了这个味道，就恢复成了原来的样子。我们还尝试过把孩子的手指用布条缠绕起来的方法，可是他们不是将带子解开就是把带子一起塞进嘴里。除此之外，我们还尝试使用惩罚，当孩子吮吸手指的时候，用铅笔用力敲孩子手背。不过这个办法，只有在孩子待在实验者身边的时候才有效。

5.“右撇子”到底有着怎样的溯源？

在我们的日常生活中，你会发现，我们当中大部分人在吃饭、写字、画画的时候都习惯使用右手。可以说，右手要做的事情比左手要多出很多，而且右手也要比左手灵活一些。那么这是什么原因造成的呢？也许你们会说，还有很多人是习惯使用左手的。是的，世界上有少数的人习惯使用他们的左手，但是毕竟只有很少的一部分，绝大多数的人都是习惯使用右手的。那么，你们有没有思考过，出现这种情况的原因是什么呢？

我们的研究表明，手的惯用性直到社交用途开始确定的时候，才会在人的两只手中产生反应的固定分化。当社会非常迅速地介入并说“你应该用你的右手”的时候，压力也就开始了。我们之所以会这样抱婴儿也是为了让他用右手跟人挥手告别。我们强迫孩子们在吃饭时使用右手，我们强迫孩子写字画画的时候使用右手，这就是非常有力的条件反射因素，完全可以用来说明手惯用性的原因。

如果你问社会惯用右手的原因，那么这可能就得追溯到原始时代。有一个古老的理论经常被引证，或许我们可以把它当作一个真正的原因——心脏在人体左侧。在人类进化的早期，我们原始的祖先们为了争夺食物和地盘，经常会发生冲突，而打仗是会有伤亡的，为了减少伤亡，他们用左手举盾牌，用来保护自己的内脏，用右手拿矛，负责进攻，把矛刺出去或者是投掷出去。显然，右手要完成的动作要比左手复杂得多。在人类长期演化这一过程之中，战争日趋规模化，战争的强度也日益增加，右手使用的次数越来越多，变得比左手更加灵活，于是渐渐受到了人们的重视和使用。假如真的有真理存在于这个理论中的话，那么我们应该很容易就能明白，为何我们的祖先们要教给他们的下一代使用右手了。

还有一种说法，说我们人类最原始的祖先是从东非走出来的，他们沿着大海向东前行，按照这个方向前进，大海永远都位于他们的右侧，他们用右手从海边拾取一些鱼虾贝类来充饥，久而久之就养成了使用右手的习惯。不过，这种说法仅是一个猜测，并没有太大的说服力。

我们都知道，早在手稿和书籍出现以前，盾牌就已经被搁置一旁了。即使用右手的传统被流浪的吟游诗人从口头上加以具体化 ——神话英雄拥有强大的右臂。习惯用右手的人们创造出了许许多多的工具，比如剪子、蜡烛熄灭器、漂亮的家具等，从古至今皆是如此。还有，我们所处的生活环境，约定俗成的社会规律也都影响着我们，久而久之，我们就养成了使用右手的习惯。

如果人惯用右手是社会灌输的一种习惯，那我们对于惯用左手的人，是不是应该强制他们去改变习惯呢？我个人认为，如果在孩子的语言还未曾得到太多发展之前对他们加以纠正的话，就不会产生什么损害。我们最开始就用词语来表达我们的行为。如果我们突然要去纠正一个习惯使用左手并且说话很流利的孩子，改变他的习惯，强制他使用右手，那么很可能会让这个孩子的现有能力降低到出生6个月时候的水平。有些孩子的用手习惯，会因为其行为经常受到干扰而被打破，而且，因为言语和用手行为是同时形成条件反射的，这个孩子的言语也同时受到干扰。换句话说，让孩子改变之前的习惯，他需要从头摸索的不仅仅是手的使用，还需要对语言重新进行学习。这无疑会让他退回婴儿期。如果情况严重的话，还会造成原有的语言中枢混乱，从而导致孩子出现发音不准、口吃等问题。

有很多父母对自己孩子习惯使用左手这件事十分不满，就采取了打骂甚至捆绑的方式来对孩子加以纠正，这种方式是不合理的。孩子每次使用左手都会害怕挨骂挨打，会让孩子每天都过得心惊胆战，影响孩子的心理健康。还有一些孩子会对父母的做法感到迷惑不解，以至于养成遇事犹豫不决的性格，不利于儿童人格的发展。因此，对于孩子，教师或者父母想要转变其左右手习惯的时候，一定要明智对待。

因此，使用右手这个习惯，并不是一种“本能”，甚至可以认为这种习惯也不是身体结构所能够决定的，而是社会影响所形成的条件反射所致。可是尽管我们大部分人习惯使用右手，但全世界还是有大约5%的人完全习惯使用左手，并且还有10%~15%左右两只手均可使用自如的人，比如用右手写字、吃东西，用左手操作锄头、斧头等。至于为什么会存在这种情况，我们现在还不清楚其中缘由。

此外，在婴儿处于站立阶段的时候，经常会使用他那只训练有素的手去抓住东西不放，另一只手则空着。而不被使用的那只手可能会功能减退，以至被另一只手取代。可是这个问题想要通过成人的问卷得到答案，基本是不太可能的。

6. “活动流”取代“意识流”

相信大多数人都对威廉·詹姆斯（William James）的意识流（Stream of Consciousness）非常熟悉。他说过：“意识出现的时候，并不是四分五裂的片段，我们不能用‘锁链’或者‘序列’之类的词来描述它最初出现时候的情况。它不是被联结起来的东西，而是流动的，‘河’或者是‘流’是最能够清晰逼真地描述它的比喻。此后我们谈到意识的时候，就将它称作思维流、意识流或者是主观生活流。”他认为人的意识是有流动性的，思维是不间断的，从来不会出现空白；思维意识不受时间空间的制约，是纯主观的。但是，在我们现在看来，詹姆斯的这种观点已经跟不上我们现代心理学的步伐了，就好像老旧的公共马车已经不能再适应现在的纽约第五大道一般，虽然马车别致却只能让位给更加便捷、快速的其他交通工具。

在这里，我想讲一些可以取代詹姆斯那些经典贡献的内容，也许我所讲的内容并没有那么别致，却更加符合我们所了解的事实。前面我们讲了很多关于婴儿早期行为的事实。在这里，我想用一幅图解来解释说明人类结构日渐复杂的整体。当然，出于一些原因，我的这种描述可能不会非常完整。首先，那些活动之中只有一部分活动能够显示在我们的图解上；其次是因为我们的研究迄今为止还不够完整，即使是我们的图解上有充足的空间留给我们去描绘，我们也没有办法去描绘一幅完全合适的图解。

不过我们先不考虑那么多，我们现在先来展开我们的想象，去想象一张完整的图解——永不停止的活动流，从卵子受精开始，随着时间的渐渐流逝而变得越来越复杂。我们所实施的一部分非习得性行为，比如吮吸、非习得的抓握，还有脚趾的伸展动作（巴宾斯基反射）等，这些都是十分短暂的，它们在活动流之中只占据了很少的时间，之后它们就彻底消失在活动流里面。现在我们想一下，那些在我们漫长的人生岁月中出现的比较晚的其他一部分行为，比如眨眼、月经、射精等，它们在活动流之中持续存在着，眨眼这一动作能够一直持续到我们的死亡；女性的月经可以持续到45~55岁；男性的射精行为能够持续到70~80岁。

不过，我们现在来进行一下最艰难的设想：在我们出生后不久，每一种非习得性行为就形成了条件反射，这里面甚至包括了呼吸和循环。我们想办法记住手指、手、手臂、躯干、腿、脚、脚趾的那些非习得性的运动，并且快速将它们组织到我们稳固的习惯中去。在这之中，有许多的行为会一直保持在活动流之中，持续终身。也有一些仅仅维持了一个短暂的时间就永久消失了。举个例子，我们2岁时候的习惯就需要让给4岁和6岁的习惯。

我们来继续探讨这幅人类活动的图解，我们能够借助图解的形式为你们迅速呈现这整个心理学的范畴。在这明确的、具有实质性的、能够观察到的事件流之中，行为主义者所研究的每一个问题，都有着某种形式的定位，并向你们展示了行为主义者的观点——如果你想要了解人类，那就必须要先了解人类的生活史。同时，它还强有力地证明了心理学是生物学的一个明确的部分，是一门自然科学。

Part 07

思维探讨——言语与思维的关系

婴儿在刚出生的时候几乎无法同其他哺乳动物相比，婴儿是非常柔弱无助的。不过婴儿却能够利用其获得的动作习惯，渐渐超过其他哺乳动物。这得益于人学会如何去构造“动作的装置”，并且对其进行合理的应用。人们在现实中学会使用木棍，之后又学会了发射石头、运用弹弓，然后对制造尖锐的石器和如何运用弓箭又有了一些心得，后来还学会取火、制造青铜以及刀、火器等。

人类的操作技术可以说已经十分成熟，不过，很多哺乳动物也可以通过它们自身灵巧的动作来进行操作，比如，经过训练后的猴子，它们可以像人一样娴熟地骑着自行车，并且还可以灵活地穿梭于十几个排列成行的瓶子之间，而且不会将瓶子碰倒；它们还学会了像人类一样，取下瓶子上的瓶塞，喝里面的水，甚至吸烟、点烟、锁门、开门，等等。

不过行为主义者所讲的习得性行为领域，跟其他哺乳动物没有太多的关系，因为这一领域对于动物而言，是无法进入的。这个领域就是关于“语言习惯”的领域，如果人闭上嘴巴内隐地运作，那么这就是“思维”。

1. 早期的声音、言语组织的开始

语言在一开始就是一种相当简单的行为。可以说，语言也是一种动作习惯。婴儿从他出生第一个月开始，就会出现声音，通常都是从“啊”“哇”“呜”“喔”开始，再到后来的“啦”“妈”“爸”。布兰顿（Blanton）女士曾经观察过一整个育婴室的情况，这个育婴室里面有25个满月的婴儿。她得到这样的结论：“育婴室里面的婴儿，对于模仿不同的动物叫声有着浓厚的兴趣。比如山羊的声音、猫咪的声音、鹌鹑的声音、公鸡的声音，每一个都模仿得惟妙惟肖。”

我们曾经在研究动作活动的时候发现，婴儿习惯性伸手抓取物品是从出生120天左右开始的。如果经历了特殊训练，等到了第150天，婴儿的这种习惯会得到充分发展。但是婴儿真正的发声却开始得晚一些，而且发展的速度也十分缓慢。我们发现有一些孩子，已经18个月大了，还是仍旧没有形成任何常规性质的言语习惯。不过，也有很多1周岁的孩子就已经有相当多的语言习惯了。

为了在一个非常幼小的婴儿身上形成一些简单的语言习惯，我和我的妻子尝试对此进行了实验。我们对于一个出生于1921年11月21日的婴儿B展开了实验。首先，我们处理婴儿B的行为。在他出生第5个月结束之后，他就可以显示出他同其他所有同龄孩子一样的技能了——“咕咕咕”地发出声音，还可以打出“ah goo”和“a”“ah”的变音。1922年5月12日起，我和我的妻子在这个声音和他的奶瓶之间建立起了一个联系。这个婴儿从他出生2个月后就开始用奶瓶喂养了。

首先，我们把奶瓶递给婴儿B，并且让他先吮吸一会儿，然后我们把奶瓶从他的手里拿来，但是捏着奶瓶的手还是展示在他的面前。于是婴儿B就开始踢、蠕动，试图用他的手抓住奶瓶。然后我们以大声的“da”音为刺激。这个过程重复进行了3周。我们总是会在他呜咽的时候把奶瓶递给他。1922年6月5日，我们继续捏着奶瓶在他面前发出“da”这个刺激词的时候，他也发出了“dada”的声音，然后我们立马将奶瓶给了他。我们在这样的场合，在每次都发出刺激词的情况之下，成功地重复进行了3次这一过程。之后我和我的妻子又连续5次拿走了他的奶瓶，即便我们没有给婴儿B刺激词，他依旧为了拿到奶瓶说了“dada”。其中有一次实验中，我们并未说出任何的刺激词，可是他还是有好几次连续不断地说“dada”。之后的几周里，想要引发这种反应十分容易，就如同引发其他的身体条件反射一样。不过言语反应基本上都局限在这种类型的刺激之中。有的时候，婴儿B会在我们把他的玩具兔子拿到他面前的时候，发出“dada”的声音，不过如果换成是其他的物品，这种情况就没有出现过了。

让我们感觉很有意思的是，在1922年6月23日，婴儿B说出了其他的声音，像是“goo-goo”“bla-bla”，这些声音我和我的妻子都不曾教过他。当他不能恢复“dada”这个发音的时候，他会急切而又勇敢地连续发出其他声音，不过这些声音里面，没有一次是“dada”这个音。而到了第二天，他却丝毫没有任何困难的发出了“dada”声。1922年7月1日，他发出的声音突然变成了“dad-en”而不是“dada”。自此，“dada”这个词出现的频率大大降低，偶尔才会听到他说。我认为，如果我们一开始就把婴儿严格的哺乳习惯打破，在他自己发出“dada”这个声音的时候给他奶瓶，他的这种习惯可能会更快、更早地出现。

其实，我在思考语言模仿会不会出现在婴儿的早期阶段。从我的实验中来看，的确出现了这种语言模仿。但是在大多数情况下，也许是我们在模仿孩子的发声，而不是孩子在模仿我们。当声音形成了条件反射的时候，整个言语可以看成“可模仿的”。从社交方面来看的话，一个人的口头语也会对另一个人身上形成言语刺激，从而引发同一种或者是另一种言语反应。

在6个半月以后，我们初步建立起了这种有条件的发声，这种发声反应与伸手抓物习惯相呼应。

2. 儿童学习语言与条件反射的关系

短语和句子在条件反射的言语反应建立起一部分之后开始形成。而单词的条件反射当然也不会有所停顿，在此基础上，各种类型的单词、短语、句子的习惯也同时得到了发展。

1923 年 8 月 13 日，也就是 B 出生 1 年 7 个月 25 天，第一次出现了两个单词相连接的情况。在此一个月以前，我们曾经对两个单词相连接的言语模式进行过安排，比如“喂，爸爸”“喂，妈妈”，不过当时没有出现任何结果。8 月 13 日这一天，B 的母亲对他说：“对爸爸说再见。”这是她所安排的一个模式：她说：“再见 da。”B 重复他母亲的话，他先是说了“bye”，随后犹豫了有 5 秒钟时间，发出另外一个单词“da”。B 的这个表现为自己赢得了母亲的一阵爱抚和称赞，还有些其他类似的东西。然后当天，他还用相同长度的时间间隔发出了两个音——“bye-bow wow”。两天之后’，也就是 8 月 15 日这天，我们尝试让 B 说“喂，妈妈”“喂，露丝”“ta-ta 妈妈”“ta-ta 露丝”。反应被唤起来以前，我们在每一种情形里面，都应该给出两个单词的刺激。在第一次的时候，他说：“blea-mama.”而这一次，我们顺利得到了两个单词的反应，而且我们并没有给出两个单词刺激。

到了 8 月 24 日这天，B 自己把两个单词连起来了，在没有得到任何父母言语刺激的情况下。他指着他父亲的鞋说道：“鞋——爸”，然后指着他母亲的鞋说道：“鞋——妈”。此后的 4 天，他时不时地使用两个词，即使现在任何模式都尚未建立起来。除此之外，B 还说了一些我们之前从未建立过的两个单词，比如他模仿了一个邻居家的小孩玩开车游戏的时候发出的声音“bebe go-go”，还有“tee-tee bow-wow”“howdo shoes”“haa mam”，等等。他会经常念叨这些词。在我们将他抱到他的房间里让他睡觉的时候，他会不厌其烦地一遍一遍地把这些单词组合起来，大声说出来。这个观测实例对我们行为主义者的思维理论来说非常重要。

于是从这个时候起，两词阶段迅速发展。不过若是想同成年人那般用句子来交谈，还要过一段时间。这种三词阶段通常出现得有一些晚。不过，在这些阶段里面，并没有其他新的阶段出现。

从上面的实例当中，我们可以看得出，这个过程的建立与简单的条件运动反射相类似，例如手会在听觉和视觉的刺激下收缩。

我们叫“爸爸”的时候声带振动，这就是非习得反应。也就是说，无条件反应和非习得反应是我们最初所建立的反应。对于非习得声音反应的刺激，我们现在知道的仍然不多，所以早期阶段出现的单词条件反射，事实上是十分轻率的。我们所知道的关于婴儿的非习得反应刺激还没有动物的多。我不知道应该怎么样“打开婴儿身上的那个开关”，才能让婴儿说出“da”“aw”或“blea”。如果可以找到那个“开关”，那我可以在婴儿的早期阶段，迅速建立起那个使用单词、词组和句子的反应。

对于幼童而言，我们能做的也仅仅只是通过那些与常规性单词最为相近的声音，把它同我们成年人所讲的那个单词的物品联系起来。换言之，我们在孩子只有这么小年纪的时候，就已经开始想方设法地把他带到跟他的群体相一致的语言环境中。有些时候，我们为了获取一个完整单词，只能通过音节来吸引儿童，从而引起儿童对音节的条件反射。换句话来说，就是在一个长单词里面，有一系列的条件反应，而且这些条件反应还是各自独立的。不过，即便如此，我依然相信，我们有许许多多各式各样的反应单位在婴儿所发出的非习得的声音里，我们字典中存在的那些词，也都是这些单位在以后的时间里通过条件反射被联结起来的成果。我们可以说，那些满怀热情讲得出色流畅的演说家们，他们在讲话时所发出来的声音，也都是他们非习得的婴儿声音被联结起来的结果，通过婴儿期、儿童期以及青年期这几个时间段内耐心的条件反射。

有一件事在言语习惯形成这一过程中看起来相当明显——第二级、第三级以及继后成序的条件反射形成的速度非常快。我们明显可以看到，“妈妈”这个词对3岁的孩子来说，是这样被唤起的:（1）看到他的妈妈;（2）看到他妈妈的照片;（3）听到他妈妈的脚步声;（4）听到他妈妈的声音;（5）看到手写体的单词“妈妈”;（6）看到印刷体的单词“妈妈”，还有一些其他的刺激，比如妈妈的手套、妈妈的外套、妈妈的围巾、妈妈的鞋子等这些视觉上的刺激。对“妈妈”的反应会在这些替代刺激建立起来的时候变得更加复杂。他有的时候会用平和的语气说，有的时候会大声尖叫地喊，有时候会用哀怨的语气来讲，有的时候压低嗓音说，也有的时候会温柔地表达或者刺耳地表达。假如为孩子提供语言榜样的话，那么他会模仿这些人，用各种各样的方式来说“妈妈”。这些也从侧面向我们表明了，“妈妈”这个反应，是由几个或者是上百个肌肉活动组成的。

我们使孩子在言语上形成条件反射，而这样做的原因，是因为我们自己曾经也是这样的，我们对我们自己语言中的词语本身形成条件反射，对这个词语的发音和变音形成条件反射，我们是在沿着自己的言语足迹来抚养、教导我们的孩子。我们可以通过一个孩子说的几个单词或者词组，通过他说话时候温柔缓慢的语调来确认这是南方的小孩儿；我们也可以通过一个孩子说“水”这个词时候的语音、语调、语气来判断他是否是一个来自芝加哥的小孩儿；我们还可以通过一个孩子的说话方式与定音高低，来判断他是不是纽约《东方》的报童。我们从父母那里学来的不仅仅是他们的语言，还有他们的语言习惯。这些存在于北方人和南方人之间、东方人和西方人之间，或者一些不同地域的人之间的差异，不是因为咽喉结构的不同，也不是因为非习得的婴儿期阶段，那些基本的反应单位的种类与数量不同。北方的父母带着孩子迁居到南方，那么这孩子会学着说南方话；来自法国的夫妇所生的孩子被带到这个国家，被讲英语的一家人抚养，那么这个来自法国的孩子也能够讲英语，并且学得相当好。

一个铁匠40岁了，那么他不可能学得会芭蕾舞。同理，如果我们想要学习一门外语，在我们年纪比较大甚至老年的时候，那么我们想要在说这种外语的时候不带任何自己的方言口音，是非常困难的，也可以说是几乎不可能的。因为我们肌肉的灵活性早已经被反应的习惯类型所剥夺，它们导致我们的身体趋于结构定型。就比如一个人，他整日垂头丧气，脸上的肌肉也耷拉着，那么他的面目表情就趋向于我们描述的那种丧气、扫兴、忧郁。除此之外，还有一个很重要的因素也参与进来了。我们的喉咙在青春期的时候就开始发生结构性的变化。因为定形，所以它会变得十分不灵活，也不太能够发出一些新的声音。

然后，儿童对外部环境建立了一个条件化的词语反应，这其中包括了这个环境中每一个的物体与情景，这些都是随着他的成长所建立起来的，也是包含了他老师、父母还有社会团体中其余成员的安排。不过，乍看之下令人感到奇怪的是，他对于自身的内部环境的许多物体，如内脏自身的变化，都不需要给出条件化的词语，因为他的父母还有这个社会团体中其余的成员，对它们也没有什么词语。从目前来看，内脏里所发生的事情大部分都是非语言化（Unverbalized）的，即使是人类也是这样。我们可以用这样的情况来解释“无意识”的意义。

3. 儿童语言的学习是一种习惯的保持

我们对每一个外界环境的物体与情景进行命名，这是一个有着极其深远意义的事实。词语在被我们恰当地组织起来的时候，它不仅仅可以唤起其他单词、词组与句子，还可以唤起人类全部的操作行为。如同言语可以代替物品一样，言语唤起反应的功能也如此。

单纯从理论方面来讲，如果人类本身对世界上每个物体都有了一种语言替代的话，那么，通过这种组织工具，他可以装载他周围的世界。他可以随时随地操纵这个语言世界，不管是他躺在黑暗的房间里休息，还是安静地独处一室。因为这种可以操作那些没有呈现在我们的感官面前的物体的能力，我们才有了很多的发现。对于以往常常犯的有关“记忆”的错误，我们需要保持高度的警惕。周围的世界，我们作为实际的身体组织从而随身携带着，只要给予适当的刺激，无论何时何地，这个组织都时刻准备着发挥作用。那么什么是这种适当的刺激呢？

如同建立手的操作习惯一样，言语习惯也是这样建立的。关于这一点，人家现在应该都已经很清楚了。现在你们可以回忆一下，当一系列的物体被一系列的反应围绕起来，同时这一系列的反应也组织起来，那么，我们就可以进行这一整个系列的反应，即使是在一系列的原始物品并没有出现的状况下。举个例子来说，一个孩子第一次使用钢琴来学习乐谱，在他弹奏“洋基歌（YanKee Doodle）”的曲调时，他会先看乐谱，找到五线谱的谱号，再去看音符，看到哪个音符就会在钢琴上弹奏出哪个音。这些音符对于这个孩子就是一系列的视觉刺激，他所产生的反应按照这样一个系列组织起来。在这个孩子练习了相当长的一段时间以后，有人拿走了他的乐谱，即使他不看乐谱，也能够正确地弹奏出这首曲子。甚至在他的父母带他去有钢琴的餐厅吃饭，并让他去弹奏钢琴给他们听的时候，他也可以立刻坐在钢琴前开始弹奏。在这个孩子开始弹奏乐曲的时候，他所弹奏的第一个键，代替了原来第二个音符对他的视觉刺激。也就是说，视觉刺激已经被肌肉刺激所替代，但是这整个的过程仍然可以如以前那般顺利地进行下去。

语言行为面前也是同样的情况。如果一个孩子才从他的小人书里读到“现在—我—躺下—睡觉”，那么，当他看到“现在”就会做出“现在”的反应，看到“我”就会做出“我”的反应，以此类推，这个系列就这么进行下去。不久之后，他只说“现在”这个词语就能变成说“我”等的动觉刺激。它向我们揭示了我们能够脱离刺激世界的原因，使我们了解了为什么我们可以流畅地谈论我们在以往的岁月中的所见所闻。有很多事情都会触发这个旧的言语组织，有时候是一个旁观者的话语，有时候是一个朋友的问题，有时候是你面前正在发生的一件事。不过，也许你会说，这是你的“记忆。”

记忆，它通常的含义就像是下面这种情形。有个人的好朋友来看望他，这个人与他的好友许多年未曾见面。当这个人看到他的好友的时候喊道：“哦！天呐！我一定是在梦里！格兰特·哈里斯！从上次的纽约世界博览会之后我就再也没有见过你了。你还记得温德迈尔旅馆吗？我们以前经常去那边聚会，那真是一段令人难忘的时光！你还记得……”心理学家们对于这个过程的解释这样简单，导致谈论它仿佛是对你们智商的嘲讽。曾经有人说行为主义对于记忆的解释不够充分，我们接下来就看看这种说法是否属实。

最开始的时候，这个人认识了哈里斯先生，并且知道了他的名字。过了两周以后，又遇到了哈里斯先生，同样又各自介绍了一遍自己。第三次，他又见到了哈里斯先生，并且又听到了哈里斯先生的名字，从此这两个人变成了好友。他们每天见面，变得越来越熟悉对方。于是，这个人经过完全的组织，用很多的习惯和方式来对哈里斯先生做出反应。换言之，这个人对他和哈里斯先生之间的关系，对这种一致或者类似的情境，形成了言语习惯和操作习惯。等到了最后，即使他们两个人好几个月不见面，只要这个人看到哈里斯先生，他的言语习惯依然会被唤醒，他内脏的反应和其他很多类型的身体反应也同样会被唤醒。

现在，哈里斯先生进去房间里面，这个人会冲向他，展现出各种“记忆”的迹象。但是如果哈里斯先生过来站在他的面前，他也许会犹犹豫豫地叫不出哈里斯先生的名字。出现这种状况，这个人或许会用那个老套的借口：“我看着你很眼熟，但是突然想不起你的名字了。”这种情形，就是从前的操作还有内脏组织还存在，但是言语组织已经消失了大半。如果哈里斯先生再重新说出自己的姓名，那么这个人还会重新建立起原来所拥有的习惯。

不过，若是哈里斯先生在别的城市待的时间太久，或者是从一开始认识的时间就很短，而且并不熟识，那么十几年以后再相见，这整个组织可能已经消失了，这其中包括操作的、语言的，还有内脏的。按照心理学家的说法，就是这个人已经完全“忘记”了格兰特·哈里斯先生。

在日常生活中，我们每天都是这样，以这样的方式组织着，孩子们也不例外。孩子们遇到的人、读过的书，发生在他们身上的一些事件等，这些组织有些是临时和偶然的，有些由老师灌输给他们的，比如加减乘数的运算、历史史实、诗歌的结构等。在学习的过程中，这些组织有时候主要是操作方面的，有时候主要是言语方面的，也有的时候主要是内脏方面的。一般情况下，它是三种组织的和。如果这些刺激经常出现，那么这个组织会不断地复习与加强。不过，如果刺激重复的练习被移走时间太长，那么这个组织就会保留得不完整，甚至崩溃。在这个组织消失以后，如果刺激再一次出现，那么与原有的操作习惯相关的反应，就会跟姓名、微笑等一同出现。

当我们再次触碰一个已经消失了的刺激时，我们根据原有的习惯从事了一些事情，也就是说，我们从事了当年所做过的事情——就是这个刺激第一次出现在我们眼前的时我们曾经学着做的事。

在对单词或者没有什么实质意义的音节进行学习的时候，消退在刚开始的时候是十分迅速的。这跟关于手的操作学习形成了非常鲜明的对比。不过在最早的迅速消退以后，消退就变得缓慢多了。

4. 儿童会以自言自语的形式沉浸于思考

心理学家们所认为的思维，不过就是我们自己同自己交谈。这是一个先进的理论，它是以自然科学为依据来解释思维的，虽然这个观点的证据大半是假设的。我希望在这个理论发展的过程中，可以证实喉部的运动在思维之中并没有起到决定性的作用。

大量的证据表明：一个人的喉体被切除以后，他的思维能力不会受到影响。这或许会让此人清晰的发音被破坏掉，但是低语（Whisperd Speech）却不会被破坏掉。低语所用的组织是我们用喉的过程中建立起来的组织。不过，它

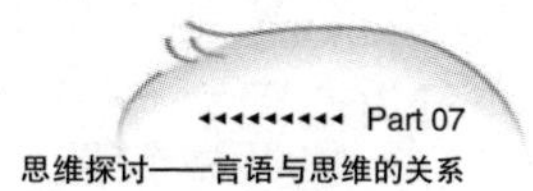

们在一个人被切除了喉部之后，依然很容易发生作用。

我是这样认为的，肌肉习惯是从外显的语言里面习得的，而肌肉习惯同时还要对内部的思维负责。我还认为，有几百个这样子的肌肉组合存在着，我们凭借它们，可以发声，可以对自己说出任一个单词。语言组织非常丰富与灵活，外显的语言习惯也是多种多样、变幻无常。在我们说每一个单词的过程中都形成了数目和变化繁多的习惯。我们从婴儿时期就在使用语言。我们使用语言来表达的频率比使用双手高得多。当我们形成了外显的语言习惯，我们不断地同自己交谈，也就是思维。于是出现了新的组合、新的替代、新的复杂性。用不了多久，每一个身体反应也许都会变成一个单词的替代品。

我的证据主要来自对于儿童行为的研究与观察。我之前提过，儿童会在独处的时候不停说话。在他 3 岁的时候，他都已经能够出声计划自己一天的事情了。他会说出他的快乐、他的希望、他的烦恼，还会说出他对他父母的不满，有时候也会说出他的惊恐。不过，他的父母会对此加以干涉，他们会告诉他："不要这样出声讲话，爸爸和妈妈小时候从来都不会自言自语。"因为这样，所以导致了外显的言语开始减弱，最后成了低声细语。对于这个儿童自己的想法和他对于这个世界的看法，一个优秀的唇语者依然可以读出来。有一些儿童一直都不曾做出让步，他们独处的时候依旧大声地自言自语，而大部分人，他们连低声细语这个阶段都没有超过。通过育儿室门外的钥匙孔窥视这些尚未高度社会化的孩子坐在那里思考，就能够了解到这一点。不过，在没有施加任何社会压力的情况之下，绝大部分人都会进入第三个阶段。我们可能经常会听到这样的话语："你不能默读吗""别总是对自己低声轻语"等，这些话语是我们常常能够听到的命令。

之前我收集了大量的证据，证明聋哑人在交谈的时候，或者是自己思考的时候，总是用相同的手势反应，证明在交谈的时候，他们用手势代替了言语。但是这样外显的证据相当难寻觅。由于下面的这个观察，我受益良多。塞缪尔·戈里德里博士是柏林大学的负责人，也是曼彻斯特盲人收容所的负责人，他曾教导过又聋又瞎同时还哑的劳拉·布里奇曼，他教给她一种手语。他在学院的一篇年度报告之中指出，“即使是在做梦，劳拉依然会用手势飞快地自言自语。”

如果想要找到大量的证据来证明这一观点，还是有困难的。而这些过程十分微弱，因为呼吸、循环等过程一直都在运作中，这些活动会使得原本就比较微弱的内部语言活动变得更加模糊。不过，现在还尚未出现另外能够站得住脚的先进理论。

如此一来，建立在相反假设上的证据就都被我们推翻了。不过，我们对事实更感兴趣，如果有其他事实可以证明当前的理论也是站不住脚的，那么我们也乐意抛弃这个理论。

5. 何时思考、怎样思考

在我回答关于“我们何时思考”这一问题以前，我先来提一个问题。你会在何时使用你的手臂、躯干、腿等来行动呢？你也许会这样回答：“如果我处在一个不协调的情境之中，我想要从里面摆脱出来，那么这种时候，我就会使用我的手、手臂、躯干、腿来行动。”我曾经讲过这样的例子：一个人的胃在剧烈收缩的时候，会走到厨房里去找东西吃。阳光通过窗户的漏孔照射进来，他在窗户上贴上了一张纸，用以阻挡照射进来的光线。我再提问一个问题，你何时交谈和低语呢？你会这样回答：“任何时候，在情境需要而且只有用这种方式我们才可以脱离这种其他方式无法脱离的情境的时候，我们都会交谈和低语。”比如，课堂上一个孩子回答老师提出的问题，他就需要使用言语；一名教师站在讲台上讲课的时候，他就需要使用言语；一个导游需要向游客们讲解这一景点，他就需要用到言语；一个孩子在冰面滑冰，冰面破碎，他掉进了水里，他就需要使用言语来大声呼救，不然他就没法脱离他所处的困境。还有，如果有人向我提出了一个问题，那么我就需要使用言语来礼貌地作出回答。

那现在，我们来回到我们最早的问题上：我们何时思考？我想先请大家记住一点，那就是，我们的思维是不发出声音的言语。我们为了从一个不协调的情景中摆脱，我们思考，我们不发出任何声音地使用我们的言语组织。我们身边差不多每天都在发生这样的情况。我给你们举一个例子，这个例子很有戏剧性。有一天，汤姆的老师对他说："如果你可以按时而且认真完成作业的话，你就可以继续待在这个班里学习，那么你愿意按时完成作业吗？给你 5 分钟时间好好想想，是按时完成作业继续留在这个班里好好学习，还是让你的父母把你领回家。"在这种情况下，汤姆不能够出声自言自语。他想说出一些事情，可是他不能说，说了老师就会让他的父母来带走他，他以后就不能在这里继续上学了。在这样的困难情境中，运动行为无法帮助他。他只能去思考并且想出解决的方法，想出来以后他需要作出这一系列的无声反应里的最终外显反应——说出"愿意"或者"不愿意"。当然，不是所有的无声反应都同我们这个例子一般这么具有戏剧性，我们的日常生活中所遇到的情境，大多数时候都是："周六可以同我一起去逛街吗？""周三晚上有空和我一起看电影吗？""下周你是不是要去夏威夷度假啊？""下周一中午可以跟我一起吃午饭吗？""你现在能借给我 50 美元吗？""你作业完成的怎么样了？"等等。

我想，依据我们的思维理论，我们能够提出几个主张和界定。

"所有的无声言语行为，不分种类，都被包含在思维这个术语里面。"这时候你们会问了："你刚刚才讲了，有很多人会出声思考，但是更多的人却是连低语阶段都没有超过。"如果按照思维的定义来看的话，这并不是严格意义上的思维，在这样的情况下，我们只能说：他出声说出了自己的问题，或者是他小声地自言自语。当然，这也并不代表思维跟出声低语或者是出声对自己说话的过程有什么不同之处。不过，确实大部分人都会依据这个术语的严格定义去思考。所以为了说明我们通过思维观察得出的关于思维的事实，我们需要假定有多种明显不同的思维。个体最后外显所讲的话或者是在思维结束以后个体做出的运动行为就是我们所指的最终结果。我相信，下面这几个标题可以囊括所有的思维形式。

（1）已全部习惯化的言语无声应用。当你在浏览你从前就有的言语习惯的时候，你会觉得这种情况就如同十分有造诣的乐师在浏览一个他熟悉的曲子一样。比如，一个孩子出声说出自己背诵得非常熟练的乘法口诀，也是同样的道理。“对于这种你早已获得的言语功能，你只是内隐地在练习而已”通俗一些的说法，就是对于一个你从来没有问到过的问题，你可以通过自己已经获得的原有的言语习惯，给出一个正确的答案。我来举个例子，假设我问一个孩子这样一个问题：“What will you break once you say？”他从来没有被问过这样一个问题，他只是自己尝试了一会儿，就外显地反应出“Silence”这个单词来。

（2）一种稍微不同的思维，出现在组织得非常好的内隐言语过程之中的那些被情境或者是刺激激发的地方。不过要注意，内隐言语虽然组织得非常好，但是也没有好到不用学习就会产生作用的程度。想象我们的孩子中有哪个可以马上算出 555×55 的结果是多少呢，不过我相信关于心算，所有人都是熟悉的。我们不要求新的步骤或者是新的过程，只要用言语摸索这种低效的言语运动，相信孩子就可以得到正确的答案。虽然进行此种运算的组织都存在着，但是它有那么点儿迟钝。不过，想要顺利地进行运算，我们必须要先进行一下练习才可以。经过两周的练习以后，当孩子再次面对这种三位数和两位数相乘的问题，他会十分轻松地立刻给出正确的答案。在此种类型的思维之中，我们所具有的东西与很多的运动行为之中所具有的东西相类似。我想我们几乎所有的人都知道怎么样去发牌和洗牌。经历了一个很长的假期之后，我们对发牌和洗牌已经变得非常熟悉、非常内行了。然后之后的一两年我们都没有再碰过牌，之后再发牌和洗牌，这一系列的动作就会变得有些迟钝了。如果想要再次恢复以前的水准，就必须再次练习一段时间。再举个例子，一个孩子在一整个的学期内都跟随他的美术老师进行绘画学习，每天都在练习，一个学期结束以后他画得非常好了。后来他的美术老师因为搬家离开了这个学校去了别的州，就没有人教这个孩子画画了。之后的三年他都没有再接触绘画，后来他跟着别的美术老师重新开始学习绘画，一开始他画得不太好，经过几周练习之后，他又会恢复到从前的绘画水平。同理，在这一类型的思维之中，我们正在内隐地练习着一种言语功能，而这种言语功能我们并没有完全获得，或者是获得的时间太早导致在我们的记忆之中有一些东西已经缺失了。

（3）建设性思维（Constructive Thinking），历史上也称之为建设性计划。这种思维，总是涉及那些和所有的首次尝试有着同等数量的学习。现在这里的这个情境是新的，或者说对我们而言它是新的，也就是说，对我们来说这可能是新的任意情境。在我向你们讲述新的思维情境的例子之前，我先来说一个新的操作情境的例子给你们听。假设我用布条蒙住一个孩子的眼睛，随后递给他一个机械玩具，这个机械玩具是由三个环组成，但是这三个环是连接在一起的，现在需要把这三个环分开。如果想解决这个问题，其实很简单，甚至都不用进行多少思维或者“推理”，也并不需要喃喃自语或者是出声说话。这个孩子应该竭尽所能地把他以往全部的操作组织运用起来，以解决眼前的问题。他可以使劲拉环，用某种方式来翻转它们，这样它们或许突然就滑开了。这样的情况，跟一个人尝试的情况是相一致的——一个人如果是第一次参与到这种有规律的学习实验当中来，那么他就会表现出这种尝试的行为。就比如刚刚提到的那个孩子，如果他是第一次见到这种机械玩具，那么我不需要蒙住他的眼睛，他也会有着跟之前一样的动作行为。

我们常常被与这种方法相类似的方式，置于新的思维环境里面。我们如果想要摆脱这样的情境，就必须遵循那些相似的步骤。前面我讲过一个例子，就是汤姆的老师要求他按时完成作业的那个例子，现在我再讲一个新的例子。史密斯先生的一个朋友来看他，并且告诉史密斯先生，他刚刚成立了一个新的公司，他请求史密斯先生作为一个同等合伙人的身份，来加入他的新公司，但是这样的话，史密斯先生需要辞掉他现在的这一份理想职位。史密斯先生的朋友是一个十分靠谱而且非常有担当、负责任的人，并且他还拥有非常好的金融背景。他的能力让他的建议十分具有吸引力。他劝说史密斯先生，如果加入他的公司的话，史密斯先生会有更加丰厚的收益。他跟史密斯先生描绘了史密斯先生最终也将会成为老板的未来。之后他还有别的事情不得不离开，他还要去拜访其他人——那些对这件冒险事业感兴趣的人。史密斯先生的朋友请史密斯先生1小时以后给他回个电话，并且给他一个答复。那么这种情况下，史密斯先生会考虑吗？是的。他当然会考虑。他会在屋里走来走去，说不定也会挠自己的头发，甚至还会流汗。一步一步去执行这一过程，史密斯先生的整个身体都忙碌着，仿佛在开山凿石一般。但是，决定着步子速度的是他的喉的机制，因为它们才是这其中最主要的存在。

在这里，我想再强调一下。在这一类的思维之中，有一点事实最为有趣：在我们遇到了这样新的思维情境以后，或者我们从这个新的思维情境中摆脱出来以后，我们往往不需要再次以同样的方式来面对它们。“在学习过程中，只有在第一次尝试的时候，它才会发生。”我们的很多操作情境都是如此。比如，我开车去华盛顿，结果我的车发生故障停了下来。我对车的内部结构比较清楚，用尽各种方法修了它，它又可以跑了。但是跑了有60英里之后，它又抛锚了，于是我又遇到了这样的情境。其实，在我们的实际生活中，我们经常会从一个情境之中转移到另一个情境之中，不过，我们所遇到的每一个情境都会与其他的情境有些许不同。当然，这要除去像获得了打字这种特定功能的情境。想要摆脱这种情境，我们无法使用像在实验室里学习一样的办法。巧的是，我们日常的思维也是以同样的方式来进行的。我们通过思维来解决复杂的言语情境。

那么，对于我方才所讲的复杂思维是依照内部的言语来进行的这一点，行为主义者有没有证明呢？当我以我的被试者出声思维作为要求的时候，他们照做了，并使用了言语，当然也有一些其他的身体运动。他们这种使用言语来进行反应的行为，与迷宫中老鼠的行为十分相似。可能你们还记得迷宫中的老鼠那个实验：老鼠在进入入口之后，慢慢向前前进，它会在笔直的通道上跑得飞快，会在惊慌失措的时候跑进死胡同里，然后它折回起点，没有向着食物的方向继续前行。那我们现在来向被试者提出一个问题，让被试者来告诉我们，某个物品具体是用来做什么的，并且要求他出声地来解决这个问题。当然，这个问题有个前提条件，那就是这个物品对于被试者而言，必须得是复杂的、全新的、不熟悉的。我们可以借助这个问题来观察，被试者是不是会徘徊，然后进入一个言语死胡同，在迷失了方向之后，只能回到起点重新开始。当然我们也可以给这个被试者出示这个物品，或者告诉他那些我们所掌握的关于这个物品的全部的事情——这些事情原本就打算告诉他的——直到他得到了解决问题的办法或者放弃了这件事。其实这也跟我们的迷宫实验一样，老鼠也会放弃，然后倒在迷宫里开始睡觉。

在我们亲自进行实验以后，我们可以通过这个实验，有了一个真正的阅历，那就是我们的被试者是怎样通过言语行为来解决摆在他面前的难题的。那么问题来了，既然我们了解了他出声思维时候他的整个思维过程，那么，在他独自一人进行思考的时候，为何要将思维搞得如此神秘呢？

关于这个问题，你们或许会产生疑问：对于何时停止思维，被试者又怎么会知道呢？思维问题何时被解决掉了，他又怎么知道呢？老鼠知道它的问题被解决是因为它已经得到了食物，这能使它的饥饿消退，可是一个人又怎么能够知道的这么清楚呢？其实这些疑问的答案都很简单。还记得之前讲过的那个例子吗？一个人在阳光通过窗户的漏孔照射进来的时候，在窗户上贴上了一张纸，用以阻挡照射进来的光线。在他将光线遮住以后，就没有继续在窗户上贴纸，这又是因为什么原因呢？这是因为，在这种时候，光线这个能够促使他进行运动的刺激已经不存在了，所以他才没有继续给窗户贴纸。同理，思维的情境也是这种情况，当情境之中有关于言语的因素存在，那么，它就会继续作为个体更进一步的内部语言的刺激而存在着，这个过程也将会一直持续下去。如果被试者得到了他所需要的“言语的结论”，那么促使他进行思维的刺激就不会继续产生，如同老鼠得到了它想要的食物一样。如果被试者觉得累了或者觉得厌烦了，他可能会坐下来休息，不过，单凭坐着是不可能得到言语的结论的，于是他只能去睡觉，然后等第二天再继续解决前一天没有解决掉的问题。

那么新的情境是如何产生的呢？比如这样一个问题：“对于像是一首优美的诗歌或者一篇精彩的文章这样新的语言创作，我们应该如何去获得呢？”其实这个问题答案十分简单，那就是我们可以巧妙使用我们的言语，对它们进行修饰改善，直到一个全新的模式出现在我们的面前，我们就这样获得了新的言语创作。因为我们在思考的时候，每一次的普遍情境都是不同的，从来不会有两种相同的情境出现的情况，所以我们每一次的言语模式都是不同的。其实它们的组成成分还是从前的那些，也就是说这些词语本就是我们之前已经掌握的词汇，也是我们现在所使用的词汇。而这所谓的“新”，不过是词语间排列组合不同而已。

可能你会问，既然大家都可以使用那些文艺工作者们所使用的词汇，那为什么不精通文学，你就写不出那么优美的诗歌、那么精彩的文章呢？这是因为这不是你的工作，而且你也不擅长营造单词，你的词语使用能力十分粗劣。但是文艺工作者们恰恰相反，他们的词语使用能力非常出色。在各种各样情感的影响下，在现实情境的影响下，文艺工作者们使用词语，就如同你使用刀叉一样容易。

现在，让我再来举一个例子，帮助你们理解。假设一个孩子的美术老师让他画一幅关于森林的画。那么，现在他的脑海中有这幅画完成以后的样子吗？当然没有。他会先在他的画纸上勾勒出一幅草稿，再对其进行细化。请记住，在他开始画这幅画之前，他脑海中关于森林的组织不计其数，其中每一项都唾手可及。他可能会在森林的右上角画一座小山头，也可能会在森林的天空中画一片云彩，还有可能在树上画上两只机灵的小松鼠或者在树下画上两只可爱的小兔子。他不断尝试，直到这幅画呈现出他感到满意的效果。这时候他会微笑：“完美！”然后他的同学也过来看，并且赞叹道：“你画的太棒啦！”但是这时候你的老师来说了一句：“你这幅画跟你之前画过的一幅画很相似。”这个孩子一听这话，又重新开始画。

我们再来举一个例子。我们假设一个服装设计师需要做一条新的裙子。他有裙子做好后看起来的样子吗？他的脑海中有呈现出这一画面吗？答案是：他没有。当然这也许是因为他不想浪费自己宝贵的时间在脑海中勾勒这一画面。于是他先画了一张关于这条裙子的草图，或者吩咐他的助手们去怎么做。这个设计师在开始他的创作之前，他关于裙子的组织是十分丰富的。就如同他之前所做过的每一件事情一样，关于裙子这一样式里面的每一种设计对他来说都是信手拈来。他拿起一块儿丝绸然后把模特儿叫进来，把这块儿丝绸披到模特儿的身上。丝绸被他一会儿拉到这儿，一会儿拉到那儿，丝绸在模特儿的腰上一会儿松、一会儿紧、一会儿高、一会儿低，然后使得裙子变长或者是变短。设计师一直摆动着这块儿丝绸，一直到这块儿布料呈现出一条裙子的模样。“在他停止摆弄这块儿丝绸以前，他只能一次又一次地对他的新的创造做出反应。”因为我们知道，没有什么东西会与之前所做过的恰好一样。他所完成的作品，以这样或者是那样的形式在当时唤醒他的情绪反应。如果他觉得不满意，他也会将这块儿丝绸从模特儿的身上扯下来，从头开始。如果是他觉得很满意的话，那么他会高兴地说：“十分完美。”在这样的情况之下，他的模特儿打量着镜子中的自己，然后微笑说道：“谢谢您，先生。”而他的助手也会拍手称赞：“这裙子太漂亮了！”于是一个新的裙子式样就这样诞生了。可是，在这时，刚好来了一个十分喜欢竞争的时装商人，他在旁边看着服装设计师新鲜出炉的裙子对身边的人轻声说道：“它非常漂亮不是吗？但是，它看起来是不是有点像这位设计师两年前做过的那条呢？这位设计师不是很有才华的吗？他什么时候开始变得这样故步自封了？这样守旧他是不是已经赶不上这个飞速发展的时髦世界了？”如果这个商人的话被这位服装设计师听到的话，他肯定会撕下他刚创作出来的作品，将它踩到脚底下。于是，新一轮的操作又开始了，一直到设计出新的令自己满意的作品，而且还需要得到其他人的夸奖与赞美。其实这两个例子中，得到夸奖的这一阶段也就相当于老鼠找到了食物。

诗人在进行诗歌创作的时候，也采用的是这种方法。诗人或许在美丽的花园之中散步，或许漫步在洒满月光的林中小道上，又或许在同他的女朋友聊天，他的女朋友想让他用一些十分热烈的词来称赞她的美、夸赞她的魅力，而且还给了他十分强烈的暗示。等他回到了自己的家，空无一人、冷冷清清的情境让他觉得无所事事。他只有做点什么才能摆脱这一状况，而操纵言语也就是创作诗歌是他唯一能够做的事情。他同他的钢笔接触，然后发生了言语活动，这种情况就如同是一群好斗之人被裁判的口哨声解放了一般。于是，他很快就创作出了语句非常浪漫的作品。现在的他处于一种他之前从未体验过的情境之中，这种新奇的体验使他的作品在形式上十分具有新意。

6. 动作、语言与内脏组织的特殊“网络”

在此之前，我们学习过动作和语言的习惯，即使它们组织起来的方式和时间是不同的。我之所以会采取这种方式来处理它们，是因为我在对它们进行说明讲解的时候需要简洁。如今我们需要将它们联系在一起，然后去研究动作、语言与内脏这三类组织之间的关系。相信你们都还记得我讲过，一个人如果对某一个情境或者是某一个物体发生了反应，这种时候，他整个的躯体都在参与这一反应。也就是说，动作、言语和内脏这三大组织是一起发生反应、一起起作用的。

举个例子，有两个孩子在一个树林里玩。一条蛇突然之间出现在他们旁边的树底下，并且盘踞在一根突起的树根上，还吐着信子发出“咝咝”的声音。两个孩子吓得脸色苍白，嘴张得大大的，心跳呼吸都几近停止。大约过了几秒钟时间，两个孩子才缓过这口气，两人同时喊道：“蛇！”“毒蛇！”然后两个孩子对视一眼：“打死它！”他们立刻行动起来，一个去找石头，一个找树枝。就在他们找到工具的时候，蛇已经爬到树上了。其中一个孩子喊道：“看，它爬到树上了！啊！被叶子挡住了，还有个尾巴尖儿在外面！”好了，例子讲完了，让我们继续回到行为主义的讨论上来。这条蛇对于这两个孩子产生了很深的影响，你们对此有疑问吗？然后我说，在这个例子中，语言、动作和内脏这三类组织是同时发挥作用的，你们对此有疑问吗？

现在，我们不需要太多讨论，可以使那些对此怀有兴趣的人相信，我们的手、喉和内脏是一起学习的，并且还会共同发生作用。无论是年幼的孩子，或者是正处在成长阶段的孩子，还是已经可以使用语言的孩子，由于受到周围环境和社会环境的影响，他们的言语和内脏习惯与他的动作习惯都需要达成统一。除非是一些特殊的情况，比如他们生活在与世隔绝的环境之中，他们的父母不喜欢讲话更不会跟他们讲话，这种生活状态下的孩子的言语习惯会比另外两种习惯更加落后。或者，我们可以准确地说，在我们生活的这个环境当中，每一个物体和每一个情境，都会影响到言语、喉和动作的行为，它们是整个习惯系统的组成部分。

我们可以通过打高尔夫球的时候动作组织运动的状况，来对此进行说明：（1）打高尔夫球的动作组织：手指、手、躯干、胳膊、腿、脚。（2）语言：有轻声细语的语言、外显的语言、无声的语言。比如，用语言说出高尔夫球所在的位置，用语言表示球洞的名称，专业人员对我们的反复叮嘱等。（3）内脏组织的曲线：在每次射门之前，每次射门之后和每次射门的时候，其节奏均会受到胃腺的影响，排泄器官可能会因此产生加速工作或者减速工作的情况。不论你们是否相信，我都必须要告诉你们：在整个训练中，所有的内脏都会参与进来。我曾经讲过，在整个人体中的大量非横纹肌，也就是心脏、胃、肺、血管、腺体、排泄器官等这些器官，都在技能活动中发挥着一定的作用。比如，在消化不良的时候，在排泄功能受到威胁的时候，或者正要射门却突然打起哈欠的时候。在这种内在的刺激十分迫切之时，谁能保证射门时不受到一丝一毫的影响呢？而只有当这些都协调一致的时候，才会产生准确的技能表现。我们的胳膊和大腿的横纹肌不稳的时候，就像手指的疼痛会影响我们的效率一样，它们也会同样影响效率。

事实上，在技能活动的实施当中，语言是极其重要的，甚至可以说言语所起的作用比整个身体组织所起的作用更为重要一些。大家都知道，在商人之中，他们经常会谈论诸如狩猎、钓鱼、高尔夫等活动。虽然他们中有些人在这些方面的水平很有限，甚至因为没有很好的技能不去高尔夫球场，或者钓鱼、狩猎，但他们并不拒绝甚至主动谈论那些业余爱好的技术要求，以此来使自己可以继续留在这个业余爱好者的圈子之中。

在人们的活动中，语言是进行协调的最主要的方式，于是语言组织迅速地占据了优势。然后用不了多久，这占据优势的语言过程就开始了对胳膊、腿和躯干的刺激和控制。

比如，我们观察一个打高尔夫球的人，当他射门失误的时候，我们问他什么地方做错了。这种时候，如果我们懂得唇语的话，即使我们距离他尚有一段距离，仍旧可以从他唇形看出他大致在说些什么："我应该站在球更后面一点的位置，我的腿不这么弯曲就好了……"在他重新进行射门的时候，他自言自语道："我需要靠后一点站。"然后，我们就看到他向后靠了靠。可以说，言语组织不仅是在俱乐部为了吸引他人眼球而派上用场，在打高尔夫球的时候，为了让整个身体组织进入行动状态，它所发挥的作用也是极其重要的。

因此，在行为主义者看来，不管是在哪种技能活动之中，只要言语组织出现，它所发挥的实际作用都是巨大的。

假如我们能够接纳"我们让我们的动作行为言语化"这一观点，那么我们在处理关于"记忆"的问题之时，就有了一种新的方法。你们可以看到"在整个习惯系统当中，记忆确实是言语部分的一种功能"。一旦身体的习惯被我们言语化，那我们就可以经常谈论它了。关于高尔夫球，如果你不能对它进行谈论的话，那么能证明或显示你拥有这一技能的唯一办法，也就是说能证明你对它的"记忆"的唯一办法，就是去高尔夫球场一个接一个地打球。不过，引发你使用言语组织来谈论高尔夫球技能的情境，要远远大于你去到高尔夫球场打球的实际情境。我们这里所讲的"记忆"就是"整体组织中言语部分的贯穿或展示"。也就是说，在这种组织中，动作部分是不会被唤起的，仅仅只是在用语言描述，而不是用行动去证明。如果动作部分被唤起的话，那就不是"他正在回忆高尔夫球"，而是"他在打高尔夫球"了。

但是，如果是在高尔夫球场的话，他拿起球杆进行活动，则表明这跟用语言谈论高尔夫球一样，证明他的确拥有这项技能，这也是对"记忆"的一个非常好的证明。

通过上面的叙述，我们可以了解到这样一个事实，那就是在"每一种复杂的身体反应"中，从来都不是只有一种组织参与在活动之中，单凭一种组织是无法完成整个反应的。也就是说，每一种复杂的反应都有动作的组织、言语的组织和内脏的组织参与其中。在获得语言方面的技能时，也就是当个体学会说话的时候，在身体中有许多组织，如嘴巴、颈、咽喉和胸腔都同时参与，它们也是其中最为活跃的部分；在获得肌肉技能的时候，最为活跃的是躯干、胳膊、腿、手和手指这几部分；而内脏部分，则是在获得情绪组织时最活跃。

7. 儿童的习惯会在思维的严谨中“更新换代”

我们关于婴儿的研究表明，还不会说话的婴儿身上产生了很多的组织，这些组织的存在让人感到十分惊讶并且难以相信。它们不光在外显组织上有所表现，如胳膊、腿和躯干等，在内脏方面也同样有所表现，如害怕、生气、发脾气、对母亲的依恋等。

通过观察，我们可以了解到，一名约不足 30 个月大的小婴儿，还没有什么足够的能力让他自身的每一个单位的动作习惯同他相应的言语习惯达成一致，我们曾经对一个 2 岁 4 个月大的儿童进行过研究调查。这个孩子在我们给他创造的情景中，在适当的物体的刺激下，可以说出约 500 个单词，不过这些词并不能组成复杂完整的句子，他只是说出了一些简单的句子和一些词组，比如“罗斯与比利再见”“穿上比利的上衣”等。这个年纪的孩子有限的语言水平让他只能对句子和词语进行不断的重复。在他被带入房间后，他的父亲问他：“比利你都看到了什么？”然后这个孩子也跟着说：“你都看到了什么？”还是这个孩子，他曾经学习过如何去操作一辆儿童自行车，在他 2 岁的时候骑着他的儿童自行车，不需要别人帮助，就算摔倒在地也不会哭，还会重新骑上他的儿童车。他控制着儿童车的方向，骑着它滑下土堆，并且还能将儿童车沿着人行道再推上斜坡，再飞速滑下。不过他的语言依然十分简单，只有“比利骑儿童车”这样的话。在这个孩子骑自行车的过程中，他可以熟练地将车把转向右或左，可以熟练地骑着它上下坡，但是他却无法组织出与他自身动作相符合的语言。不过，他外显的动作反应是很好的，哪怕是很长一段时间不骑他的儿童车，当他下次骑的时候，依然可以骑得很熟练。我们从几百个例子当中，选出这个孩子的例子来向大家讲述，就是想要告诉大家，对2岁半以下的孩子而言，动作习惯是不可以言语化的，也就是说他还不具备用语言来描述他动作的能力。所以说，对于这些孩子，我们想要表明他所具有的“记忆”或“组织”，就只能是把他放到能展示身体组织的情境中去，让他用他的动作来说明。不过，当你接触一些大一点的像是3岁半或4岁的孩子，你会发现，他们在火车旅行、聚会、看电影或者散步的时候，会像个盲人或聋哑人一般同你交谈。

精神分析学派的弗洛伊德（Freud）认为，童年期记忆的丧失是因为童年时期的那一些能够带来“快乐”的自由和自发活动，遭到了社会各种条令的限制和禁止。因为社会对一些行为的惩罚，使这些孩子只能痛苦地压抑着，从而进入“无意识”。他们还称，孩子在童年时期的记忆，只有通过分析学家用近乎于神话般的短语，才能够恢复这些已经被储藏在深处的记忆。在我们看来，这个假设显然是不怎么叫人满意，原因显而易见：“儿童从未使这些活动言语化。”

那么，成人的“记忆”是否可以追溯至2岁半的童年期呢？对此我持怀疑的态度。我们没有通过任何遇险的假设，而是直接对儿童进行观察。由此，我才产生了这样的怀疑。现在我再给大家展示我之前进行过的一项测验：记忆瓶子的测验。我们来看一下测验的细节：

幼儿B，2岁3个月

到了午饭时间，时间是12：30，孩子被保姆如同以往一样被放在儿童床上，仰面朝上躺着。随即，如同他1岁3个月时那样，保姆将他的奶瓶递给了这个孩子。

孩子用双手接过奶瓶后，开始拨弄上面的橡皮奶嘴。这个孩子已经2岁3个月了，他的午餐也早已换作蔬菜和肉，所以，他看着自己手里拿着的奶瓶号啕大哭起来。当保姆告诉他并让他喝这瓶牛奶的时候，他把奶瓶的橡皮奶头放进嘴里尝了尝牛奶的味道，就开始咀嚼这个奶瓶的橡皮奶头。“吸奶的行为不能被唤起。”然后他喊他的妈妈和爸爸过来，并且把奶瓶推向他们。目的达成以后他躺回他的儿童床上，心情又重新高兴起来。

当大人告诉他，他的弟弟就是用奶瓶喝奶之后，他就拿起奶瓶走开了，而且他还将奶头放在嘴里，一边走一边咀嚼着。“吸奶的行为消退了，然后它就被遗忘了。”不过，要是吸奶的行为一直不曾中断，那么这一行为就可以不定期地继续下去。在我的记录中，就有超过了3岁却仍然在他母亲的怀里喝奶的儿童。

这个孩子B在妈妈怀里吃奶的时间很短，只有短短的一个月的时间。之后，他都是在使用奶瓶来喝奶。在他9个月大的时候，喂奶也不用奶瓶了，而是把奶瓶换成了一个茶杯，让他用这个茶杯来喝奶。在他1岁前，他早餐的苹果汁一直用的是他以前喝奶用的瓶子。然后从1岁开始，他就再也没有见过他的奶瓶——直到我们对他进行测试的这一天。

为了能唤起某种言语的记忆，在这次测试之前我们做了很多尝试，但到最后都没什么用处。我们先问他：“你小时候用奶瓶喝过东西吗？”然后再告诉他，以前他总是用奶瓶喝东西。接着我们又问他：“你不能用奶瓶喝东西吗？”等等。无论怎样问，这个孩子都是一种对新鲜陌生事物的反应。在他整个身体呈现出靠近他现在一般会吃的食物的时候，我们只好强迫他，使他对奶瓶做出一些反应。

我们从许多测试中发现，幼儿在一些重要的行为方面是没有言语组织的，甚至他的动作组织统统消失不见了。

依据这些现象，我们可以看到，婴儿期是一个完全自然的状态。婴儿的身体正常形成身体习惯。这个时期的孩子，不仅有亲近和回避的习惯，还有操作上的习惯。但是我们能够看到，在婴儿期，孩子们习惯“缺乏相应的言语关联”。至于这些，就只能在他们之后成长的日子中获得了。

8. 儿童的语言化与非语言化组织

我们已经证明了，自婴儿时期开始，内脏和情绪的条件反射就已经渐渐地形成了迁移到不同情境中的这些条件化反应，会在很长时间内甚至一生中持续着。可是即使如此，我们依然无法谈论内脏组织。之所以会出现这种状况，是因为社会并不要求我们谈论非横纹肌和腺体。没有人会在儿童的唾液分泌条件建立之时对他说："孩子，你已经建立了唾液分泌的条件反射了。"对于消退习惯，我们所处的这个社会，也并不要求人们将其言语化。

在生活中，我们几乎不会从一个孩子的口中听到他的乱伦性依恋（Incest Dependence）。不管是从前还是现在，对于儿童的乱伦性依恋，社会上都没有出现过禁令，所以儿童也就不曾出现什么压抑。前段时间，我们的一位儿童专家对一家实验性托儿所的观点进行了谴责，他认为，孩子需要母亲的爱和母亲细心的照料，他们应该在自己的母亲身边愉快地玩耍。

这样一个领域中，能够让遗传学专家们相信的研究只有很少的一部分。从婴儿期到老年期，我们的内脏组织中有相当大的一部分不曾被相应地言语化，甚至对于内脏的物体和排列，我们很难给出恰当的名称。并且发育问题所进行的言语条件反射的社会机制也不曾出现。除非，在长辈面前出现打嗝、放屁、排泄、手淫等情况的时候，它们才会被言语化，显然这是相当小的一部分。这种言语条件作用的心理过程，常常会以这一种形式出现的："不要让你的胃在交际时发出声响。""跑到外面或者把它的声音用咳嗽的声音掩盖住。""胃发出声响后要说声抱歉。"会有很多言语化相似的例子发生在内脏领域，可惜言语化它不是一个一般规律，而是个意外。为了大家可以更好地理解，我做了如下总结：

（1）大量动作习惯的形成是在婴儿期，而且它们并不需要相应的语言习惯。

（2）没有言语组织的情况下，很多内脏组织（非横纹肌和腺体成分的组织）是逐渐形成的，而且这种情形并不只出现于婴儿期，在人的一生中皆是如此。

（3）构成弗洛伊德精神分析学派的“无意识”的，正是非言语化的组织。他们可能也存在一些合理的地方。从“无意识”的另一个来源符合自然科学这一情况来看，其可以在言语组织受到各种阻碍的情况下被找到。假设，你对一个正在热恋的人进行语言刺激，故意在他的面前叫出他女朋友的名字，他会保持沉默。这就是由于他的语言组织受到阻碍，不过他内脏组织却会表现出来，比如语无伦次、脸蛋发红等。这一情况，也一样能构成内省主义者的“情感过程”。

（4）内脏组织、动作组织以及言语组织都会在一个孩子到达合适年龄的时候同时发生，发生的规律就是如此。

（5）人们不得不在动作的言语化开始之后，使用言语来帮助自己解决问题，因为这个原因，言语组织便十分迅速地占据了优势。有机体中的任一反应，都能够因为言语刺激被唤起，或者已经开始的动作也会被言语加以矫正。比如，“我应该再向上走两个台阶”“我得瞄得高一些”“现在我必须要去写作业了”，等等。

（6）对于“记忆”问题，内省主义者觉得行为主义应对起来十分困难。但是，记忆也不过只是我们之前所获得的动作习惯的相应语言化而已。行为主义者认为，记忆所具有的，在动作的、言语的和内脏的组织上的显示，早已存在于我们的测验之前。

在我看来，如果主观心理学家（Subjective Psychologists）给语言化在身体组织整个过程中留有一席之地的话，那么他们也只会把“意识”当成一种用语，用它来通俗地对我们内外物体的活动进行解释和描述。“内省”的主要作用是对正在发生的组织改变的活动加以描述，比如描述肌肉活动、腺体分泌、呼吸等。在我们看来，它们其实仅仅是一些文学表达方式而已。

Part 08

人格塑造
——培养儿童健康的人格

对于“人格”这个词，我们普遍使用着，但是我们却无法给出一个准确的定义。因为无论是哪一个人，无论他生活的环境如何，无论他的学识如何，无论他为人处世的方式如何，他都会有自己的判断。

行为主义者对于那些没有明确含义的心理学词汇，往往都是毫不犹豫地抛弃掉。但是对于“人格”这一词，行为主义者则是乐意保留的。

行为主义者研究人格，找出人格形成的原因，从而发现其中的行为规律，找出行为习惯对于人格形成的影响。一个人的人格一旦形成，想要进行改变将会是一件十分困难的事情，因此人们应当学会抛弃那些早期留下的不健康的人格。

在日常的生活中，每一个正常的个体都在进行着各种各样复杂的活动，人格对于个体的重要性不言而喻。行为主义者通过长时间的观察研究，获得了许多资料，通过这些资料将会解开一些大家的疑惑，并且为大家提供部分指导。

1. 人格是儿童习惯系统的最终产物

如何对人格进行定义，这是个难以回答的问题，因为每个人都有自己的一套行为方式，对别人也有着不同的判断。人格这个词汇一直都被广泛使用，心理学家也好，普通小商贩也好，可以说每个人都在使用。一般来说，行为主义者并不喜欢使用一些没有明确含义的心理学词汇，不过，对于“人格”一词还是想要保留的。人格对于一个个体的重要性是显而易见的。每个人都需要在日常生活中进行复杂的活动，我们研究一个人，观察这个人适合干什么，不适合干什么，什么东西不适合他，通过长时间的观察，来获得最为准确的资料。我们希望通过这些研究和资料，能够解开一些大家的疑惑。

我对于人格的定义是：“对能够获取可靠信息的常识行为，进行实际观察而发现的活动的总和，简单来说就是，人格是我们习惯系统的最终产物。”在各种活动中的不同领域也存在占据支配性的系统，比如手工（Manual）领域（职业的）、喉部（Laryngeal）领域（诸如大演说家、善于讲故事的人、歌者之类）以及内脏（Visceral）领域（就是害怕、害羞、易怒、生气这些被我们称作情绪化的东西）。我们很容易就能观察到这些支配性的系统，我们可以迅速判读个体的人格，便是以它们为基础。也由于这些少量的支配性系统，我们才能够顺利且合理地进行人格分类。

人格可以还原成那些我们看得见并且可以观察到的事物，但是如此一来，人格这个词的情感性附带内容就会发生一些变化。假如我对人格没有进行定义，只是对人们的性格进行了刻画的话，比如“他有种令人讨厌的人格”“他有种命令别人的人格”等，那当我们回归现实生活，又怎么来理解命令别人的人格呢？要知道按照我们平时的说法，应该是“这个人以一种命令的方式讲话”。

除此之外，对于人格判断（Personality Judgments），也很难做到不带任何偏见的客观。想要对他人人格的判断做到准确、客观，首先他自身要从偏见中摆脱出来，对自己过去习惯系统的影响进行准确考虑，这样他才有可能进行客观性的研究。但是要做到这些，几乎是不可能的，没有人具备这样不被过去的自己所支配的自由。我们都是在被自己人格困扰的情况下对其他人的人格进行判断。举个例子，在目前抚养孩子的系统下，大多数情况中，一个父亲所表现出的自己会是一个健壮强大的形象。所以一旦你的房间进来一个人，并带有这些性格特征，你就会很容易败下阵来。这样子的一个“父亲”，完全有能力让你的行为像一个孩子一般。在我看来，判断一个人的人格并不困难。现在，我想大家可能已经越来越清楚地认识到，我们所处的情况和环境对我们行为的支配作用，并且也能够看明白它是如何把将这些强大的习惯系统中的某一种系统释放出来的。简单来说，我们是受情境要求的。

另外，在发展这样一些习惯系统的时候，系统之间会发生冲突，从而形成一种刺激，致使在同一腺体与肌肉中，发生两种对立类型的活动，如不活动、颤抖、笨拙等。这两种对立活动可能是整体，也可能是部分的。

对于一个完整的个体，在某一习惯系统中占支配性的系统被情境要求时，他的整个身体都会启动起来。而身体中未曾被使用的每一组横肌纹和非横纹肌，都在即将到来的活动中产生张力，这就为获得我们所需要的习惯系统创造了条件。同时也因为这种张力，让身体中所有的腺体、横纹肌和非横纹肌都得到了更好的释放。其中可以发挥最大、最有效的作用的习惯系统是被情境所要求的那一种。如此一来，整个个体所展示出来的东西，就有了鲜明的标志，使得他整个的人格因为这种活动，被明显地“注意”到。

我们说的“注意”指的是：“与任何一种习惯系统的完全支配性同义的一种词语、动作或内脏习惯系统。”此外，注意的分散指的是个体所处的情境先导致了一种习惯系统，接着导致了另外一个习惯系统，而不是直接引发一种习惯系统的支配性。简单点来说，一个人去做某件事，但是这件事并不仅仅只有一种刺激在支配着习惯系统，还存在着另一种刺激的部分支配，而它可以将另一种习惯系统部分释放。这种情况下，在肌肉群的使用上，就会出现冲突，使人出现语言不流畅、身体无法灵活运用等状况。这样的例子十分常见：当一个孩子正在跳高的时候，他的同学们在一旁嘲笑他，那么在这样的情况下，他很难将注意力全部投入跳高这件事上，然后他跳高这一活动受到了影响，没能跳出好的成绩，更严重一点儿则会使他无法进行跳高。还有，当一个孩子手里握紧他的网球拍，保持好自己的平衡，使躯干挺直，目视前方的时候，有人在他旁边大声地讲话，那么这个孩子就很难打好这一局。再比如，你思考一个问题，你陷入了沉思，但是这时候外面响起电钻的声音，那么你会无法继续思考问题。这些情形，就是注意的分散。在生活中，这种想要同时获得两种或两种以上的习惯系统支配的事例数不胜数，因此，行为主义者觉得“注意”这个词不再适用于心理学。这是我们没有能力去思考明白的另一种展示，这些神秘的事物应该从心理学术语中被剔除。

2. 别让儿童时期的“遗留物”成为长大后的障碍

我们必须要认识到这样一个事实：我们的婴儿时期还有少年时期的一些行为习惯，有很多很多遗留到了我们的成人生活中。在这些习惯中，缺乏言语的替代与关联，它们都不具有能用言语来描述的标志。个体不仅仅不会谈论到它们，甚至还会否认——他不承认他继承了一些他婴儿时期的行为。当然，会有一些情景可以让这些小孩子一样的行为表现出来。而对于一个健康的人格来说，这些孩童时期的遗留物，将是一个最严重的障碍。

对自己家庭中的某一个成员，或者是几个成员，比如兄弟、姐妹、父母或者是其他一些在我们被抚养长大过程中占据着重要地位的人，有着十分强烈的依恋，这是我们所继承的系统中的一种。但是，众所周知，一个人对于一个物体、一个地点、一个位置的过分依恋是相当有害的。我们把这类的遗留称为“恋巢习惯”（Nest Habits）。对于一个人而言，婚姻几乎是等于把这个人带到了一个陌生的群体里面去，在这个人被这个群体彻底接受以前，总是会有严重的困难出现。而出现这种情况的原因是，这个人的父母，将这些习惯遗留给了他，而他的父母也同样把这些习惯带给了陌生人。这种幼稚病，我们把它们看作一种永久性的社会遗产。

不过，让我们产生兴趣的还是一个人的成长。我们先来回顾一下一个人的成长过程。如果你的母亲在你 3 岁的时候就已经让你明白了你以后的行为方式，她亲自服侍你，你就是一个小天使，无论你做什么，在她看来都是正确的，你是完美的。而你的父亲也没有纠正你，让你改正。那么，如果你的保姆指责你，在你看来，她肯定是错误的。等过了 3 岁，你开始上学了，这时候你就成了一个问题儿童。即使你逃学，你的母亲也支持你。后来因为你经常逃学和偷东西，被你的老师送回了家，不让你回到学校继续上学。于是你的母亲给你请了一个家庭教师，让你在家里学习。最后你“死”在了这样的一个人生旅途中。这种类型的人在我们的日常生活中随处可见。他们在失去家庭宠爱的时候，也不会试着努力一下让自己干得出色一些。这是因为他们没有打破恋巢习惯，每当他们在外面遇到困难与挫折，他们就会退回到孩童时期的依恋阶段，以谋求依靠。

我们应该像蛇蜕皮那样，每年都将孩童时期的习惯脱落掉一部分，完成我们自己的蜕变。这不只是我们自身的需求，也是随着我们的成长，周边的新环境要求我们这样做。正常情况下，3 岁时候的孩子都有一个组织得非常好的 3 岁的人格，这种人格是一种非常适合这个年龄段使用的系统。不过，当他 4 岁的时候，他 3 岁时候的一些习惯就必须放弃，那些婴儿般的说话方式必须得放弃，个人的习惯也必须要做出改变。一个孩子如果到了 4 岁，还是会经常地尿床、吮吸手指、不能流利地与他人交谈的话，将会成为很严重的问题，不能再忽视。除此之外，裸露的表现与习惯也必须放弃。作为家长应该教会孩子不能胡乱地闯入别人的房间，不可以在别人交谈的时候就不管不顾地开始讲话。这个年纪的孩子应该自己吃饭、自己穿衣服、自己洗澡，甚至夜里起来上厕所也能够自己一个人，还能独立完成许许多多的3岁的时候不期待他做的事情。

假如我们的家庭生活是这样构建起来的，从3岁步入4岁的时候，就不会带有任何婴儿时期的遗留物。但是这种情况几乎是不可能存在的，除非家长们在他们的婴儿时期就没有什么遗留物遗留下来，除非他们学会如何正确地养育孩子。

上面我们已经大体讲述了孩童时期的遗留物带来的后果。我根据我的咨询经验，在影响我们今后生活的多种因素之中，选择了两三种来给大家进行解释说明。

如果一个孩子的母亲对于他过于溺爱或者过于温柔，那么这个孩子长大以后，结婚就会变得很困难甚至是不可能，因为他的母亲会对他所作出的任何一个选择进行阻止。如果儿子最后还是结了婚成了家，这也就意味着家庭争吵的开始。在短暂的平静之后，儿子的媳妇搬过来同他的父母住到了一起。接下来的事情就比较糟糕了，儿子相当于有了两个媳妇，一个是他的新娘，另一个是他的母亲。在这样的情况下，这个青年急需被重新塑造，才能摆脱这个十分不自然的情况，才能摆脱这个他还未曾真正注意到的关于他母亲的条件反射。

再举个例子，一个姑娘，从她还是小婴儿的时候就开始依恋她的父亲。然后一直到她24岁还是没有结婚。最后，她结了婚。但是，由于这个姑娘同她的父亲不会有性关系，所以她跟她的丈夫自然也不会有这种关系。如果她的丈夫强迫她，那么这个姑娘很有可能会为了逃避而自杀，也可能会从此精神错乱。

假如每一个成年人都能够从早到晚地对婴儿时期的遗留物所释放的身体、言语，还有内脏行为进行一个详细的分析，并将它做成一个图表，那么他就会感到万分惊讶，并且为他自己的未来发展感到恐惧。就拿“自负”来说，这是一种几乎不可避免的表现方式，但是这种“自负”只能表明这个人的愚昧无知，虽然它常常会影响别人的人格。一个人如果足够聪明的话，他会对事情和他的未来有一种展望。而他不知道的是，当他的聪明才智不断得到增长和体现

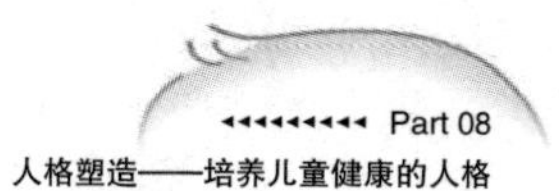

的时候，成功会越来越谦卑地出现在他的面前。我们知道，“自负”是由于婴儿时期的溺爱所形成的。同理，谦卑和机能也不全是孩童时期的遗留物，当然，形成这种状况的原因，是因为栽培和养育他们的父亲和母亲“能力不高”或者是“机能不全”。在这些方面，因为父母的倾向性积累，形成了我们所说的家庭中的“支配”因素。从某种程度上来说，人的整个行为都向我们表达了这样一个事实，由于婴儿时期和儿童时期遗留物的影响，一个成年人的人格才会如此颇具色彩。

3. 培养儿童健康人格的形成因素

一个人的人格变化在他年轻的时候是十分迅速的，假设在人的某一个年龄段完整组织之中，人格仅仅只是一个横截面的话，那么我们可以每天都在这个横截面上找到细微的变化。不过，它的变化并没有那么迅速，所以我们无法随时随地得到这一个完完整整的图景。人格在习惯模式形成、变化和发展的时候变化得最快。

首先是学校。我认为，学校是一个可以寻求文化并且教会孩子如何利用好闲暇时间的地方。学校可以促进一个孩子的成长，改变孩子在家里养成的一些不良习惯。使孩子学会如何使自己保持干净整洁，学会怎样去跟别人交流、友好相处，学会礼貌待人以使自己更有绅士风度，学会一些可以妥善处理各种事情的手段。总而言之，学校应该是一个能够让学生学会尊重思想并且学会如何思考的地方。如果学校做不到这一点的话，那么它就会成为一个失败之地，而学生从学校获得的言语上的习惯，还有身体上的习惯，也不会在日常生活中被贯彻。

学校培养出来的人，在以后的生活中、工作中所遭受到的问题与挫折都比没有上过学的人少很多，他们获得成功的概率也比没上过学的高很多，而且他们也会比没上过学的人更受欢迎。当然，这也不是绝对的，凡事都有例外。我们不能说没受过教育的人就是无用的，也不是说他们缺少成功生活的资质。

其次是孩子每年的成就史。不管在什么领域，我们都需要从成就这一方面来入手，依据你的标准来进行判断和衡量，这样我们才可以了解到孩子的每一个器官是不是都完好无损，他的身体器官是不是能够正常良好地运作。

之后是心理测试。心理测试作为一种研究人格的方法，已经有了很大的成就，而且它也形成了许许多多的理论。家长们可以通过一些手法，来了解孩子在成长过程中的困惑和孩子自己不能解决的问题。不过你们得记住，心理测试所代表的只能是在一个特定时间内一些事情的情况，并不能以偏概全。比如说，孩子在临近考试之前，会拼命地去学习，学习的效率也非常高，这种时候他的确可以称得上是一个勤奋好学的人。但是，如果在考试取消，以后都没有考试的情况下，他是不是还会继续这样努力去学习呢？他是不是会用学习的时间去做点别的事情呢？这些现实的情况，都是值得我们去思考的。不过，迄今为止，对于从一些事项中得出一个人的能力和弱点这样子的心理测试，仍旧是缺乏的。

然后是业余生活时间和他的娱乐活动。可以说我们每个人都有一些自己喜欢的娱乐项目或者消遣的方式。有的人喜欢在闲暇时间阅读书籍；有的人喜欢窝在家里或者出去找朋友一起打游戏；有的人喜欢在户外进行各种运动；有的人喜欢跟自己的家人在一起，一起野餐或者旅游什么的；还有的人热衷于吸烟喝酒；也有极少数人——那些杂志、报纸上经常会提到的人，他们热衷于工作。

在我看来，娱乐还有运动都是很外露的，我们会将一些娱乐和运动看作独特的资产，将一些娱乐和运动看成累赘。跑步会使我们的人体发动机心脏越来越强大，俯卧撑会对腹肌、胸肌等产生良好的锻炼作用。而酗酒，则会引发身体器官失调，使人的自控力下降甚至消失，从而做出一些危害社会的举动，最终走向灭亡。

良好的室外活动有益于身心健康，适当的运动可以增强孩子的心肺功能，可以增加孩子的持久力和意志力，同时也使得身体更加柔韧和灵活，还可以加强孩子与其他人之间的协作关系，有时候还会产生一些激烈的竞争。如果你发现一个孩子非常擅长一些户外运动，那么你可以更好、更深入地通过他这些室外活动的方式来了解这个孩子的经历，从而了解他这个人。

再者就是实践这个条件下的情感特征。我们知道，一个孩子受教育的经历，他平时的娱乐活动，这些都无法完整勾勒出这个孩子的人格特征。也许他会在言语方面很成功，在学习习惯上很成功，但是他也有可能会是一个卑鄙、不友好、傲慢的人，大家都十分讨厌他，大家在聚会、集体旅行中都不欢迎他的到来。说这些是想要跟大家说，有一些人，他们的情感方面，没有充足完善地发展。这些人都在情感上一败涂地。假如他没有一个长久的朋友，没有一个很广泛的朋友圈，这就说明他一直都是一个很难相处的人。即使他的学习或者其他方面再出色，也不会有任何改观。

我们没有什么好的方法去发现说谎、诚实和一些其他的道德品质，我们只能依靠查阅他的个人经历和考查他近期的日常生活来探寻我们想要知道的答案。不过，如果想要这样做的话，那就只能扩大我们的观察范围，比如通过他周边的朋友或者一些其他的什么人来了解，不过这样的行为观察会花费相当长的一段时间。

还有就是家庭因素的影响。家庭因素中，父母的人格对孩子的影响是最大的。孩子同父母生活在一起，一起吃饭，一起出去野餐，一起去游乐园等，父母对孩子起到了潜移默化的作用。我们都知道，孩子的模仿性是极强的，从婴儿时期就是如此。孩子一生中的处事方式可以说大部分都是从自己的父母那里模仿学习来的。如果一个孩子的父母为人热情，家庭氛围十分融洽，那么这个孩子也往往会体现出热情、有爱的人格特征；如果一个孩子的父母气度狭窄，整天斤斤计较，那么这个孩子往往会染上利己主义的习气，严重的还会养成投机取巧的陋习。父母的知识、能力、观念、家庭教育的方式也都会对孩子直接产生影响。

在孩子还是婴儿的时候，父母对孩子的“管”应该是按照孩子的状态，从生理到心理各方面都要照顾好。到了孩子的幼儿期，孩子已经有了自我意识，这个时候，父母就需要把孩子当成一个独立的主体来看，并使得孩子可以真正成为一个“独立的主体”。

家庭环境也影响着儿童健康人格的构建。家庭环境，并不是只有物质上的，也包括精神上的。孩子有自己的活动空间和时间，家庭有一个整洁的环境，这些都是属于物质环境。而精神环境相信大家都能够知道是什么，就是人际交往、家庭氛围等这些。而相对于物质环境来说，精神环境对孩子人格的发展更为重要。

4. 如何才能改变一个人的人格？

对于我们而言，在我们下定决心想要抛弃所有不良的“遗留物”以后，想要改变我们的人格也不是一件十分容易的事情。试想，你能够在一天内就学会生物吗？你可以一夜之间成为一个出色的钢琴演奏家吗？这些就已经非常困难了，而你想要抛弃之前形成的不良习惯并且形成新的习惯，更是难上加难。但是这个问题也是一个想要改变自身人格并且获得一种新人格的人必须要去面对的问题。没有任何的学校可以给你提供指导。也许每一件事情都会成为你改变人格的开始：一场大病、一场洪水、一次地震等，这些打破你的现在的习惯模式的事件，促使你去学会那些同以往不一样的对于物体和情境的反应。而这些情况，很可能会是你重新建立新人格的一个过程。旧的习惯系统逐渐被废弃，新的习惯慢慢形成，一直到旧的习惯系统消失。

那我们需要做什么才能够改变人格呢？我们可以利用的东西有两类：一类是我们之前所讲过的“非习得”的东西；另一类是新习得的东西。这个过程始终是积极的。所以，如果想要彻底改变一个孩子的人格，那么就只能重塑个体，这一点可以通过改变个体环境来做到，从而使新的习惯得以形成。环境改变得越彻底，那么人格的改变也就越多。不过想要独立做到这一点是十分困难的，不然我们也不会始终有相同的人格了。希望将来能有可以帮助我们改变人格的医院，这样我们改变人格就会变得很容易，就如同改变我们鼻子的形状一样容易，只不过改变人格需要更长的一段时间。

在依靠环境来改变孩子的人格之中，有一个很大的困难。这种困难往往出现在我们想要通过改变外部的环境来改变个体人格之时。

如果你把一个一直深受自己母亲所宠爱的孩子，送到一个可以让他成为“边缘人”的情景中，你会发现，他仍然会带着自己之前所使用的语言还有一些其他的、之前所生活的地域的替代品。我们发现了语言，是因为我们需要学习语言。在语言得到了全面发展的时候，它带给我们的其实是如何操练这个世界的复制品。因为这样，假如他目前居住的地域不能够把握住他，那么他就非常有可能会从他的这个边缘化的区域当中撤回来，于是，他之后的日子，就会一直生活在旧的替代的言语世界之中。如果是这样的话，那他很有可能会变成一个孤独、不合群的人，变成一个白日做梦的人。

个体是可以改变别人的人格的，即使从某种程度上来说还存在着许许多多的困难。孩子的家长、朋友、老师，甚至是戏剧、电影，都会帮助我们的孩子塑造和改变他们的人格，从而使孩子成为更加完善的人。

孩子刚刚形成的健康的人格还比较稚嫩，很容易被外界环境或一些人的主观不良因素所影响。所以，我们要引导、帮助孩子们，让他们学会如何来抵抗这些干扰。要知道，一些人格健康的成年人在面对这些各种各样、来自四面八方的干扰或者打击时，想要真正做到坦然面对也是非常困难的，何况是人格刚刚建立起来的孩子，他们多多少少会受到一些影响，甚至会表现出不同程度的变异反应。所以在人格建立初期，最需要引起注意的就是这些不良因素的影响。

我们要为孩子们的健康和发展做好一切的准备。我们有责任让每一个孩子都健康地成长，我们要为他们提供一个适当的、能够锻炼其组织和自身能力的这样一个世界，一个不被几千年来的民间传说所束缚的世界，一个不受历史阻碍的世界，一个可以从那些愚昧的风俗习惯中解脱出来的世界。要知道，那些毫无意义的愚昧风俗，就如同一张大的钢丝网一样，把人紧紧地包围在其中，让人挣脱不得。随着世界的改变，我相信，我们所培养的所有的孩子都将会沐浴在行为主义的自由光辉之中。而这些孩子也将会用更好的思考方式和更好的生活来使我们的社会重新恢复过来，直到我们的这个世界变得更加美好，最终成为一个适合人类居住的美好净土。

Part 09

行为训练——帮助孩子获得价值人生的路径

我们知道，要想让孩子成为一个优秀美好的人，拥有良好的心态和独自生活的能力，仅仅关注孩子的情绪是远远不够的。我们必须关注孩子成长过程中各个方面的情况。小到他们的衣食住行，大到他们对待事物的态度和看法，都离不开我们的培养和指导。

那么，我们应当如何培养孩子才能保证他们能够得到全面的发展呢？行为主义者们从沐浴、适应外界环境、处理孩子之间的纷争、选择照料孩子的保姆这几个方面，提出了照料孩子的具体要求。他们认为父母只有按照这些要求对孩子进行培养，才能保证孩子以积极的心态和足够的能力面对自己的人生。

事实上，这一点也是行为主义者在众人的责难声中坚定不移地研究推广行为主义的原因。他们希望孩子们都能在行为主义的影响下，拥有美满的、有价值的人生。

1. 文化：儿童训练标准的关键因素

在对孩子进行训练时，我们必须注意训练的标准并不是一成不变的，它往往会因为所处地域和时代的差异而有所差别。举例而言，如果我们对生活在17世纪的孩子进行训练，那么我们必须要培养出他们对预定论的虔诚信仰。如果我们训练的是生活在法国大革命时代的孩子，那么我们要向他们灌输自由平等的观念，让他们拥有反抗暴君统治的勇气。如果这个孩子是生活在十字军东征时期，那么我们要让他们具备成为工匠的能力，让他们可以谋生。如果这些孩子生活在南北内战的时候，那么我们要告诉他要为维护国家的统一和完整尽自己的一份力量。如果他是生活在第二次世界大战期间，我们要训练他成为一名可以随时参加战斗的士兵。如果他处在沙皇伊丽莎白一世的统治之下，我们会让他学会谨言慎行，不对政权的更替发表任何意见。不管他处在任何的时代，我们都会调整出一套专门的、适应当下所处环境的教育方法。这样做并不是代表着行为主义没有规则不成体系，它代表着行为主义具有不断创新、不断选择的能力，我们知道只有用不同的、不断变化着的规则教育我们的孩子，才能让他们更好地适应不断变化的社会环境。

现在社会中的很多人仍然遵循着父母留下来的教育方式，他们完全忽视了美国社会日新月异的变化，认为只要用相同的教育方式，就能让孩子像他们一样在社会生活中游刃有余。但事实上，如果孩子一直都接受着过去的人们看待事情的观点，他们就会在某些方面与现实社会脱节。当然这并不意味着这些观点对孩子的成长毫无益处，不过在多数时候，这会让他们在面对所处的社会环境时，变得手足无措，无法做出正确的选择。

2. 如何让儿童健康、欢乐地沐浴

现在我们来谈一谈有关沐浴方面的建议。为儿童沐浴不仅是为了保持儿童身体的洁净，也是为了让儿童养成有关沐浴的良好习惯，因此在为儿童沐浴时，有许多需要注意的问题。

首先，在沐浴时间上，我们认为儿童上床之前下午 5 点 30 分左右是儿童进行温水浴的最佳时间。在此时进行温水洗浴不仅有益于儿童的身体健康，也便于儿童接受家长们有关沐浴方面的教导（要注意的是，我们所说的最适时间只适用于身体健康的婴幼儿，不适用于体重较轻的新生儿宝宝和皮肤破损的儿童。体重比较轻的新生婴幼儿抵抗力要比一般的婴幼儿差，如果这段时间给他洗澡，容易导致孩子发烧感冒，因此这类幼儿必须等到体重达到正常之后再进行沐浴；皮肤破损的儿童必须等到伤口恢复后才可以沐浴，以防伤口的感染）。

其次，我们必须注意儿童沐浴时的情绪状况，因为这会在很大程度上影响儿童对沐浴这件事情的接受程度，以及他们进行沐浴的行为能力。年幼的孩子们往往无法准确地用语言表达自己的感受，但我们可以通过他们沐浴时下意识的动作判断这个孩子的心理状况。例如，有些宝宝会在母亲脱掉自己衣服时下意识寻求母亲的怀抱，这种山谷式的动作代表孩子严重缺乏安全感。这种举动一般发生在幼儿刚刚接触水的时候，但是如果父母在给孩子沐浴时一直比较粗鲁，给孩子留下了一定的心理阴影，那么他会很频繁地做出类似的动作。观察到孩子有类似举动的父母，如果不能及时纠正自己较为粗鲁的行为，孩子就有可能在以后的生活中厌恶洗澡，因此在我们为儿童沐浴时，既要带着认真的态度细心地对待他们，保证他们不会因为沐浴而产生烦闷不安等负面情绪，从而抵触洗浴，同时也不能因为疼爱孩子就过分满足孩子的要求，例如：在浴盆中放入孩子喜欢的玩具等。这样做不但会让孩子们在变凉的洗澡水中不愿出来从而影响孩子的身体健康，也会让他们因为玩耍得太过高兴而忽视我们关于沐浴问题的教导，从而影响他们沐浴的行为能力。

除了有关儿童沐浴时间和儿童沐浴情绪的建议以外，我们还有一些给儿童沐浴时相关行为的建议：

在给孩子洗澡的过程中，你要慢慢锻炼出他们自己沐浴的能力。在他们一岁时你就要让他自己使用浴巾，到他们三岁半时就让他们自己完成洗澡的大部分流程。但这并不意味着你可以就此对他们撒手不管，每当这个时候你应该温柔细心地陪在他们身边，以防他们因为某些突发状况，例如滑倒之类的事情，对沐浴这件事情产生恐惧。直到孩子六岁时，才能让他独立完成这件事情。

在替孩子沐浴时，要切记动作要轻柔，让孩子在洗澡的过程中感觉到舒适。如果你的动作不够轻柔，让孩子在沐浴过程中感到不适，那么很有可能会使他对沐浴产生抵触心理，不利于良好的卫生习惯的养成。

在进行清洗时，要注意不能频繁地触碰孩子的敏感器官，防止儿童养成不良的生活习惯。

此外要注意的是孩子们在洗浴时，应该使用不同的浴盆。有些家庭的父母让孩子们在同一个浴盆进行沐浴，认为亲人之间无须介意，但事实上这是不利于孩子的身心发展的。

在孩子结束沐浴后，要用柔软的浴巾擦净孩子的全身。需要注意的是，刚刚出生不久的婴幼儿皮肤十分娇嫩，因此最好是将他的皮肤轻轻拍干，等他长大后皮肤的承受能力有所增强，再用浴巾轻轻擦拭他的身体，以防孩子因为擦拭而受伤。

专业的医生对幼儿皮肤的护养有不同的看法。有些医生认为两个月以内的婴儿沐浴擦干后，可以在身体上擦拭一些能够阻隔皮肤水分蒸发的高级橄榄油和石蜡油。大于两个月的孩子可以根据身体情况适当地擦一些粉末（要注意不要让孩子的头正对着粉盒，否则孩子会因为受到粉末的刺激出现打喷嚏、流鼻涕的症状，此外要注意擦粉时不能涂油）。另有一些医生建议保养幼儿的肌肤没有必要涂抹东西，只需在浴后将全身彻底擦干就可以了。对于那些对橄榄油过敏的孩子如何护养皮肤，要听从他主治医生的建议。

除此之外，父母要注意在儿童沐浴后根据医生的意见给孩子食用一些容易消化的食物，避免食用一些不易消化的油脂类食品。

总而言之，父母在给孩子沐浴时，应该在沐浴时间、沐浴时孩子的心理状况、沐浴时的行为以及沐浴后对皮肤的护理等方面关注孩子的沐浴情况，以期保证孩子的身体健康和沐浴的行为能力。

3. 如何使孩子更好地面对家庭外的世界

在一个孩子不满两岁时，他所接触的只有家庭，但是当他年满两岁时，他就要面对家庭外面的世界了。为了让他在面对家庭外面的世界时表现得更好，我们必须让他养成一些良好的习惯，例如他要学会保持良好的个人卫生，时刻保持自己身体的洁净和服饰的整洁。这不仅能令他生活得更为舒适，也可以表现出他对生活的尊重。有些父母觉得孩子还小不必在这件事上过分在意，当孩子们带着满身泥垢从外面归来时，父母们只是忙着帮他们清洁却不曾给他们灌输过相关的卫生理念，实际上这种行为是非常不明智的。因为这样的孩子长大后不会有主动清洁自身的意识。而父母又不会帮助他们注意这些问题，长此以往，孩子就会习惯衣衫不整地与人接触交流。这会让他接触的人对他产生不好的印象，影响他的人际关系往来。

与此同时，他必须要学会各种餐具如刀叉调羹的使用，养成良好的用餐礼仪。要知道饭桌上的交流，是人际交往过程中非常重要的环节。养成良好的用餐习惯，才可以在某些重要的场合镇定自若，表现出自己想要呈现的翩翩风度，给人以如沐春风的感受，使人们发自内心地对他产生认同感。因此用餐习惯的培养对一个儿童而言是不可或缺的。

除此之外，他应当学会在适当的时候与人进行寒暄问候，例如：

“您好琼斯夫人。”

“谢谢您史密斯先生。”

这些话虽然看似不起眼，但是在与人交往的过程中却是必不可少的，很多时候只需要通过这短短的一句话，就能给人留下非常好的印象，进而为接下来的交流打下一个比较好的基础。在生活中，有些父母只让孩子们与熟悉的人打招呼，在遇到不熟悉的人时往往会自己打招呼并顺带介绍自己的孩子。我们可以理解父母的做法是出于一片爱子之心，想要让孩子处在绝对安全的环境中，但这种做法难免会让孩子变得过分腼腆，甚至于他们会将自己排除在人际交往的范围之外，拒绝与陌生人交流。这会让他们的交际能力变差，也会让他们的交流圈子变得越来越狭窄。这显然不利于他们在当今这个处处充满了人际交往的环境中生存，因此父母必须支持甚至鼓励孩子单独与他人进行交流，只有这样才能让孩子在当今的社会环境中如鱼得水，创造出属于他们自己的天地。

另外，父母必须让孩子学会分享和合作，要知道在如今的社会环境中极少有什么事情是可以完全由自己完成的，生活中处处都离不开与他人的配合。我们只有学会分享与合作才能更加高效率地完成我们的任务，在种种激烈的竞争中脱颖而出。不但如此，分享是拉近人和人距离的最佳方法，一起品尝美食、一起聆听故事，这些都能让我们与朋友更加亲密友好，拥有良好的人际关系。由此可见，分享在我们的生命中是不可或缺的，但是有些父母并没有认识到这一点，在平常的生活中总是将所有好的东西都留给孩子，自己却一点都不碰；在孩子因为喜欢什么东西与他人发生争执时，总是不管对错、不计代价地偏向自己的孩子，令他得偿所愿。这固然是出自一片爱子之心，希望孩子能够得到最好的，但这种行为并不值得提倡。因为这会让孩子认为所有他喜欢的东西一定会是他的，由此变得霸道不懂得分享，天长日久，他难免会被众人所厌恶排挤。我相信这绝不是任何一个父母希望看到的。

此外，父母应该让孩子养成独立做事和思考的习惯。很多父母都喜欢自己处理与孩子有关的事情，帮他们打理好身边的一切，每当他们看到孩子对某些事情心生困惑时，也会第一时间替孩子们解除困惑。长此以往，孩子就会对他人产生过度的依赖性，没有自己的主张，只会在别人身边唯唯诺诺。这会影响他做事的能力，也容易让他人对孩子产生轻视和质疑。由此可见，独立的思考和行动能力对孩子来说是非常重要的。只有拥有了这些，才能让孩子在为人处世上做到游刃有余，更好地适应家庭外的世界。

诸如此类必须形成的反应可以说是不胜枚举。我们知道工作的繁忙会让父母对孩子疏于陪伴，发自内心的疼爱又容易让他们忽视掉孩子的不足，他们大多不知道如何对孩子进行培养，有的即使心中有所考虑却总是有心无力，这样看来，让孩子做好面对外在世界的准备，似乎是一个非常艰巨的任务，但是我们也不必为此心生怯意。因为我们虽然不能照搬那些杰出人士的成长经历，却可以从他们的人生经历和不同时期心理状态的变化中，总结出一些普遍性的、适用于所有儿童的成长建议，使他们更好地面对家庭外的世界。

4. 母亲应该怎样对待儿童间的争吵

在当今社会中，父母往往会生育两到三个孩子。在孩子成长过程中，他们难免会发生争吵，这原是不足为奇的，就像那句俗语所说：“牙齿哪有不碰舌头的时候呢？”

但是，我们也不能因此就对这种事情掉以轻心，因为我们面对孩子争吵的态度，很有可能会对孩子的一生产生深远的影响。

我曾为此问题分别询问过两位母亲：史密斯太太和怀特太太。

“史密斯太太，如果您的孩子四岁的吉米和两岁的比利争抢同一件玩具，两岁的比利因为失败而哭号。您会怎样做呢？”“事实上我认为吉米已经四岁了，他应该谦让他的弟弟，不应该和两岁的比利抢玩具了，他应该把玩具让给比利。”“您会因此训斥吉米吗？”“嗯，我想应该会吧。”

“那么怀特夫人，如果抢玩具的是您的孩子，五岁的伊丽莎白和三岁的凯琳娜，您会怎么做呢？”“我想我首先应该做的是安慰凯琳娜，止住她的哭号吧，毕竟这实在是太让人心疼了。”

我相信以上两种做法，应该可以代表大多数美国母亲的做法，但事实上我认为这两种做法都有不妥之处。

首先我们来看看史密斯夫人的处理方法会带来什么结果。作为孩子，如果母亲一味要求他谦让弟弟，那么长此以往他会觉得，在母亲心中，他远不如弟弟重要（尽管事实并非如此）。天长日久他难免会变得自卑怯懦，这对他以后的生活是极为不利的。

如果像怀特夫人所做的那样，不管三七二十一，先哄着凯琳娜止住哭声，而不管她是因为什么而哭，则很容易导致凯琳娜变得娇蛮。这意味着她将来会不断重复这种与姐姐争抢东西的行为，甚至当她与别人玩耍时，她也会这样做。这会令她在以后的成长中为人所恶，实在算不得一个好的处理方法。

那么究竟应该怎样做，才能恰到好处地处理姐妹兄弟之间的争端呢？我认为，母亲应该公平地对待她的孩子，为他们准备一样的玩具以避免他们发生争抢。当然，这无法彻底避免孩子们发生争端。假如他们因为仅有的东西发生争执，例如：不会写字的弟弟抢夺哥哥手中的笔，那么母亲要先用别的什么东西转移弟弟的注意力。当他变得平静下来，再告诉他不应该抢夺哥哥的东西，并且要告诉两个孩子要学会分享，让两个人一起玩他们喜欢的玩具，尽量让事情得到一个圆满的解决。需要注意的是，母亲不要因此去训斥任何一个孩子。因为对懵懵懂懂的孩子而言，用手去拿自己喜欢的东西，或仰仗自己的力气大去拿比自己弱小的孩子手中的东西，都是出于人性的本能，而不是因为孩子道德缺失。

5. 你的孩子是“破坏王”吗？

在孩子成长的过程中，还有一件令父母们觉得无可奈何的事情。那就是随着他们年龄的增长，被他们毁掉的东西也与日俱增。不管是精巧的八音盒，还是名贵的古董花瓶，只要到了孩子的手中就无法幸免于难。

但我们又不能因此对孩子过分指责，甚至不能阻止他们对玩具进行拆卸。因为这种行为是出自孩子们探索新鲜事物的本能。如果这种本能可以得到充分的发挥，对孩子日后的成长是非常有利的。

但是我们又不能眼睁睁地看着价值昂贵的玩具在短短几个钟头内被彻底损毁，因为这无论是对家庭，还是对社会都是一笔无法忽视的巨大浪费。那么，我们究竟应该怎样做呢？对此我有两个建议。

我们一定要选择适合孩子的玩具，看到好的东西就想要带给自己的孩子，不管自己的孩子是不是真的需要它，这几乎是每一位父母的通病，新手爸妈们尤其如此。因此他们在选择玩具时，总会选择那些十分高级包装精良的玩具，对那些造型简单看起来平淡无奇的玩具则不屑一顾。但事实上对他们的孩子——几个月大的幼儿来说，高级的有着精美包装的变形金刚远不如一个简简单单的不倒翁有吸引力，前者只意味着困难和阻碍，不但不会令孩子感到欣喜，还会令孩子觉得愤怒。在这种情况下，孩子理所当然地会不遗余力地破坏手中的玩具。为此我们建议父母们在选择玩具时，一定要考虑到孩子的年龄和他们的接受能力。选择真正适合他们的玩具。这样做不仅能减少父母们对着七零八落的玩具心疼的次数，还能够达到父母们买玩具的最初目的——让孩子们因玩具感到快乐。

此外，我们建议父母在孩子摆弄玩具时陪在他的身边，要知道有些玩具摆弄起来是有难度的，即使这些玩具详细注明了使用方法和适宜儿童，孩子们依然会觉得玩起来十分困难。他们可能会因此对玩具失去兴趣，甚至会产生破坏它的欲望。这个时候就需要父母陪伴在他们身边，耐心地和孩子一起研究手中的玩具。这样不但可以打消孩子们破坏玩具的念头，还可以让他们感受到探索与合作的乐趣，帮助他们养成良好的学习习惯。另外，有的孩子对一样玩具失去兴趣后，也会有意无意地毁坏他。我们经常可以看到这样的场景，一个女孩对她手中的布娃娃感到厌倦，于是就随手将他们扔在什么地方，导致玩具的破坏或丢失。尤其要注意的是，如果这个习惯不及时纠正，女孩在长大后依然会这样丢失、损害很多生活中需要的东西。为了阻止这种情况的发生，母亲应该在孩子摆弄玩具时，陪伴在他们身边；在孩子被别的事情吸引了注意力时，和他们一起将玩具收拾好。让他们养成良好的习惯，无论使用什么东西都在用完后妥善地安置好。这不仅能减少物品的损坏，还能帮助孩子们将自己的生活过得井井有条。

6. 选择保姆：一个慎之又慎的决定

在当今社会无论男女都在为生计奔忙，他们无法时刻陪伴在孩子身边关心照料他们。在这种情况下，专职照顾孩子的人——保姆就显得尤为重要了。在某些时候他们对孩子产生的影响甚至不亚于父母。鉴于此，我们必须慎重地为孩子选择保姆，以保证当我们不在孩子身边的时候，孩子也能得到良好的照顾。那么，我们究竟要选择怎样的保姆来照料我们的孩子呢？在下文中我们将进行详细的介绍。

在选择保姆时，最重要的一点就是选择愿意接受训练的保姆。现在有的保姆就是不愿意接受父母关于如何照料孩子的训练，在父母提及在上岗前要对他们进行训练的时候。他们总会说："嘿，我照顾的孩子没有 100 也有 80 了，他们都被我照顾得好好的，你们只需要把孩子交给我就好了，其余的都不用操心。"这样的保姆是不应该被父母们接受的，这并不是因为保姆不按照父母的要求做事，而是因为每个孩子在各方面的状况都是不一样的，他们忌口的食物、身体的健康状况，甚至是他们发育的情况都截然不同。如果保姆不按照父母所说的去做，而是凭借他们的经验来照料孩子的话，那么很有可能让孩子感到不适，甚至影响孩子的身体健康。

我们还要注意，在教育孩子时家中只能出现一个声音。在我们教导孩子为人处世的方法时，不能让保姆对我们所说的观点提出异议，这样做不是为了所谓的雇主权威，而是为了防止我们的孩子出现"我究竟应该怎样做"的困惑，这种困惑对孩子的成长是极为不利的。举个例子，我的一位朋友告诉他的孩子："吉米你应该用右手写字，这样你写的字才好看。"孩子依照母亲所说的去做了。可是保姆却对孩子说："吉米你应该用左手写字，用左手写字的人更聪明。"保姆和妈妈不同的说辞令吉米感到困惑，他在写字时常常变换自己的左右手。虽然后来母亲发现这件事，纠正了他的行为也辞退了保姆，但是因为写字时经常变换左右手，吉米的字迹变得很难看。虽然后来努力练习，可却仍然未能得到多大的改观。这件事情提醒我们，在教育孩子时，其他家庭成员一定要保持意见一致，以免孩子因为困惑被动地养成不良习惯，对他们的成长产生不利影响。

此外，在选择保姆时，一定要注意她的个人修养，要知道年幼的孩子总会在不知不觉的情况下模仿大人的一举一动。如果我们选择的保姆见识浅薄满口污言秽语，那我们的孩子也有可能在与人相处时令人厌恶，对他的生活产生十分不利的影响。

7. 如何对儿童“启齿”性知识

一般来说孩子在七岁以前是不会对“我是如何来到这个世界上的”这个问题感到好奇的，他甚至不知道自己的降生与父亲相关。

当一个孩子七岁以后，他开始对这个问题产生兴趣，并且他们会从平日听到的对话中得出一些与这个问题有关的、似是而非的答案。我们经常会听到孩子们进行这样的对话：

“露西等你长大了嫁给我好不好？我可以把我的玩具都送给你。”

“嗯，那好吧，但是亨利你为什么想让我嫁给你啊？”

“嗯，因为我想看看刚出生的孩子长什么样子。他们都说等到结了婚就会有自己的小宝宝了。”

类似这样的对话还有很多，在我们还没有意识到的时候，孩子已经在生活中形成了他们自己对婚姻和孕育的看法。当然，在开始的时候这个看法是模糊的、容易被改变的。

在这个时候，如果我们不想办法让他们对相关的婚姻孕育的知识有一个基础的了解，就难免他们会听信一些街头巷尾的谣传，对这个问题产生一些不符合实际的认识。与其如此，我们不妨给他做一个直白详细的解释，让他对这个问题有一个正确的认识。那么究竟要怎样做才能让孩子们对这个问题有一个科学的、正确的认识呢？我们有以下三个方法。

第一个方法就是让孩子们进行动物观察。我们可以买两只兔子（一只雄兔，一只雌兔），让孩子们观察它们交配、怀孕、生产的过程，并及时解答孩子在观察过程中产生的问题。这样就可以让孩子对生命是如何产生的这个问题有一个基础的了解。

第二个方法就是通过相关书籍让孩子对这个问题进行了解。要知道对于非专业的父母来说，要用比较科学又浅显易懂的话，讲述生命从受精卵到胚胎再到降生的过程是非常困难的，这个时候父母就可以用书上所讲述的专业知识为孩子们答疑解惑（在孩子们七岁以后，父母可以让孩子们自行阅读相关的书籍，要注意的是，这个时候父母仍需陪伴在孩子身边，以便随时为孩子们答疑解惑）。

此外，我们还可以带孩子们去听相关的健康讲座，尤其是当孩子问到的问题我们无法解答时（例如与性病有关的问题），我们可以请医生对这个问题进行解答。要注意的是，在这之前我们需要和医生恳谈一番，请他们注意回答这个问题时所用的言辞，避免矫枉过正，让孩子们对某些事情产生没有必要的恐惧心理。

8. 探寻“儿童同性恋”产生的原因

在现代社会中，大多数的父母更赞成他们的孩子与同性进行交流。而一旦儿女们与异性进行接触，他们就会惴惴不安，不停地叮嘱孩子们注意相处的尺度，甚至会有意无意地阻挠儿女与异性的相处。按我的看法，这种作为是非常不明智的。

如果一个男士自幼就只和男孩子们相处，对所有女孩都退避三舍，那么当他成婚后，他很难对家庭产生足够的归属感。对于妻子和儿女来说，他如同一个过客。这无异于为他的婚姻生活埋下一颗定时炸弹，一旦引爆，家庭就会分崩离析。但这件事情可能造成的后果还不止于此。完全与同性一起长大的男孩极有可能不愿与异性成婚，反而对同性产生不恰当的感情。不但男性，女性也是如此。当她们习惯与同性好友朝夕相处，甚至做出某些亲昵的举动，那么她们就可能对与异性成婚失去兴趣。

有些父母认为这种情感选择之所以会产生，全是受遗传因素的影响，是他们天生的品质（Original Nature），父母是无法对此进行干涉的，我不能认同这样的观点。我认为这种不纯正的性生活之所以会产生，完全是后天教育、教养的产物（An Affair of Nurture）。事实上这并不是我在信口开河。华盛顿大学的莫斯（Moss）已经用动物实验证实了这个观点。他将一群雌雄混养的老鼠按性别分隔开来，在它们之间设上电网，一旦碰触就会遭受电击。实验证明，即使在电击之下，混养长大的雌鼠和雄鼠仍然奋力爬向对方。但如果拿不曾混养过的老鼠进行这个实验，就会发现雌鼠和雄鼠都没有尝试跨过电网。这个实验足以向我们证实这种情感选择是后天教育的产物。

如果你对这个结论仍然心存怀疑，那么你可以去询问那些对同性产生了爱恋之情的人们："你之前有和异性交往相处过吗？"

如果他们并不介意这个问题的话，我相信你会听到这样的回答："噢，并没有。我少年时，我的父母就曾和我说过不要和异性走得太近，他们说与同性的人在一起玩比较好。"

我想这种回答应该足以令你相信，之所以孩子们会选择与同性共度一生，就是因为他们在年少时就极少与异性相处，在异性的身上他们无法获得想要的安全感。

为此，虽然我们可以理解父母将自己的孩子与异性隔离的用心，明白他们这样做只是为了防止孩子因一时冲动犯下错误，但是我们还是必须阻止父母这样的行为。要知道凡事过犹不及，我们只有让孩子们与异性正常相处，才能保证他们之间可以产生美丽的友谊和感情。

9. 不要阻碍儿童对性的探索

在不同的成长阶段，孩子们会有不同的困惑，他们习惯于向父母寻求这些疑问的答案。以下的内容是一个孩子在 2 至 5 岁时，向他的母亲提出的问题。下面我们来看看具体的内容。

在理查德两岁时，他有每天早上到我房里玩一会的习惯。在我沐浴时，他常在浴室内外走来走去，有时他会像玩耍一样帮我洗澡。到他 20 个月时，他已经渐渐了解身体各个器官的名称，并对它们产生了好奇。在这一时期他对乳房产生了浓厚的兴趣，这并不是因为他内心有潜在性欲，而是因为母亲身上的这个器官与他自身所有的有很大的不同。他对乳房的好奇和他对任何一件新接触的事物产生的好奇并没有什么不同。

这个时候我正处在妊娠期，理查德发现我的肚子一天一天地大起来，他很好奇地询问原因。我告诉他这里有他的弟弟或妹妹，但他对此似乎并不感兴趣，仅仅向我询问了孩子是怎样出来的，就将这件事情抛诸脑后了。

在第二个孩子出生前，我专门花了一点时间做了一本与生产有关的书籍，并向理查德展示胎儿在母体中的样子，他似乎弄懂了其中的道理。有一天，他向朋友们展示图片，并对他们解释说，这图片显示孩子是从妈妈的肚子里出生的。这时理查德刚刚三岁。

当理查德第一次看到我给新生儿喂奶时，他觉得这很好笑，但他并没有对哺乳的过程产生什么兴趣。等到他第三次看到我给孩子喂奶。他就不再关注这件事了，也并没有对这个孩子产生厌恶的情绪。在接下来的一年中，他总是问我："我的身体里有没有孩子呢？"我告诉他，只有女人的肚子里才有孩子。他问我原因，我告诉他，这是因为婴儿是在母亲体内的卵子受精后形成的。同时我又给他看了与这个过程有关的图片，让他对胎儿的形体变化有一个初步的了解。后来他又问道："胎儿是如何吸收营养的呢？"我指着他的肚子对他说："孩子未出生前母亲的腹部有一根管子，这跟管子与母亲的器官紧紧连在一起，能使婴儿获得母亲身体里的营养。"这个回答也许不能让他对相关的知识有一个深刻的了解，但是用来满足他此刻的好奇心应该是足够的。

当新生儿四个月大时，理查德问我为什么要去医院生孩子。我告诉他，这是因为生孩子是一件十分困难并且具有风险性的事情。大多数时候我们只有在医生的帮助下，才能让孩子平安降生。他又问了我一些与生产有关的问题，诸如生一个孩子需要多长时间，何时能去医院待产。对这些问题我都尽可能详细地做出了解答。自那以后，他就不经常询问这些问题了。

在理查德三岁的时候，他无意中见到了他父亲赤身裸体的样子，这令他产生了浓厚的兴趣。他反复向我们询问："我何时才能长出体毛？"我们于是指着他身体上的茸毛告诉他，等他长大成人时，他身上的体毛自然而然就长出来了。

同一时期，他对保姆的身体也产生了好奇。他总是去看保姆的腿，还向我们询问他是否能去看保姆沐浴。我们告诉他，如果他起床时保姆正在沐浴他可以在一旁观察，但是他不能要求保姆专门沐浴给他看。此后又过了一段时间，他向我们请求和保姆睡在一起。有一天晚上我们满足了他的要求，他为此高兴得手舞足蹈。但那晚过后，他再也没有提出过类似的请求。

在他将满五岁的时候，他开始探索自己的身体。他总是问："我身上的毛发何时能够增多，我何时能长出喉结？"与此同时，他开始热衷于光着身子在屋子里跑。有一天他问我为什么他一定要穿衣服，我对他说，穿衣出行是人们约定俗成的习惯，如果他不这样做可能会引起他人的侧目，因此他需要和大家一样穿衣出行。但他可以在家里尽情享受赤身裸体带来的乐趣。他似乎接受了我的说法，从那以后，他不再对穿衣出行提出质疑了。

在理查德四岁半的时候，我有一位即将临盆的朋友到家里做客。当理查德与这位朋友见面时，他显得异常兴奋。他欢呼着对这位朋友说："快叫妹妹从您的肚子里出来吧，我想和她一起做游戏。"

上周我的朋友顺利产下一名男婴，我将这个消息告诉理查德。他问我小弟弟是什么时候出生的？我回答他说是在凌晨。

他显得有些震惊：“那么玛丽阿姨不就被吵醒了吗？”我告诉他生孩子前母亲都要忍受剧烈的疼痛，这会令她们根本无法成眠，自然也就无所谓吵醒了。

听了我的话，理查德感到十分的震惊，他急切地问：“这样，母亲为什么要生孩子呢？”我抚摸着他的脸颊对他说：“因为孩子能够给母亲带来幸福感，所以每个母亲都渴望拥有孩子。”从那以后理查德经常为我做一些事情，例如捶背、倒水，并且常常问我：“妈妈你现在感到幸福吗？”

在理查德四岁十个月的时候，我们领他去看望一个三个月大的小婴儿。回来后他对我说：“李夫人告诉我，孩子是鹳鸟送给她的。”我对他说：“对这个问题你或许知道得多一些是不是？”他笑了笑，继而又犹犹豫豫地说：“婴儿似乎是从母亲的肚子里出来的。”“是啊，还记得吗？我给你看过受精卵的图片。”“我知道。”理查德点点头，但他仍显得有些茫然。

此后一个月，理查德都没有提及与婴儿有关的问题，这对他来说有点不同寻常。于是我问他说：“理查德你还记得婴儿是从何处来的吗？”“不，我一点都不知道。”他郑重其事地回答到。“那么你愿意和我聊聊这个问题吗？”“不。”“为什么呢？”我问。“安娜说小孩子不应该谈论这些事情，这是不大体面的。”他说。

于是我走到他的身边，跟他描述小鸟是如何出生的：它们先是以鸟卵的形式离开母亲的身体，然后它们要在蛋内待上三周。这期间需要母鸟对它们进行孵化，为它们提供源源不断的热量。这样三周以后，雏鸟就能平安地孵化出来了。除此之外，我还为他讲述了狮子老虎等动物的繁衍过程。当我们的谈话结束后，理查德拿起画笔在纸上画出小狮子和小鸟的产生过程。

我明白，以后他可能还会因为别人的言论，对我告诉他的这些事情产生怀疑，到那时，我依然会不厌其烦地向他重复讲这些正确的知识。这并非因为我对他的知识储备有所要求，我只是希望，这可以避免他长大以后因为街头巷尾谣传的不正确的言论，做出一些错误的事情，给别人和他自己造成伤害。

10. 让孩子学会照顾自己

尽管我们都希望孩子不要被愤怒这种负面情绪所干扰，但是孩子的愤怒是无法被杜绝的，因为许多引起孩子不快的事情，例如沐浴穿衣，在孩子们的生活中都是不可或缺的。我们能做的仅仅是减轻日常生活带给孩子们的阻碍，以此来减少或平息孩子们的愤怒。

那么在日常生活中，我们应注意哪些问题才能让自己如愿以偿呢？下面我们会对此展开详细的介绍。

一个婴儿从诞生起就需要父母对他们进行照料，为了让孩子们远离愤怒这种负面情绪，父母必须温柔细致地对待他们，让他们因父母的动作而感到舒适。此外在照料孩子时，我们应该做到迅捷，不要在照顾孩子时不停地与他们进行游戏，也不要对着他们喃喃自语，这些都不利于孩子的成长，容易让他们养成做事三心二意的习惯。

事实上，我认为现在的美国社会需要建立起专门的学校，来帮助母亲们掌握养育幼儿的科学方法，使他们能够更加正确地对待孩子们，帮助他们成长。现在这只是我个人的一个设想，但我相信在不远的将来它会成为现实。

在解决了态度问题后，我们应该关注一下婴儿的穿着问题。从行为主义心理学的角度，我认为我们应该为孩子准备一些宽松的衣物，这样就可以在很大程度上避免孩子因为穿衣和脱衣感到不适而愤怒。

除此之外，我们应当注意听从医生的建议，将孩子的尿布准备成四方形，以便给孩子留出更大的活动空间。

以上几条都是从衣着入手，通过提高衣着的舒适度减少孩子的愤怒感，但这些都是治标不治本的建议，因为其他人包括父母在照料孩子时，总难免令孩子感到不适，为此父母们应当尽快让孩子学会照顾自己。在孩子 18 个月大的时候，应该让他们学会自己吃饭。这个时候他们或许还不能熟练地使用各种餐具，但父母不必因此感到心急，只要给孩子们足够的练习时间，到他们 22 个月时，就能够熟练地应用包括刀叉在内的各种餐具了。

在婴幼儿的饮食方面，我的建议是在孩子 6 到 8 个月时就停止母乳喂养，用其他辅食代替。与此同时，可以让他尝试着学习自己用杯子接水，这样等到大概 18 个月大的时候，他就具备自己喝水的能力了。

当孩子年满三岁，我们就可以让他自己进行沐浴了。这个时候让他独立完成洗澡的全过程还有些困难，母亲应该守在一旁帮他进行例如眼睛鼻孔等部位的清洗。孩子的学习和模仿能力很强，几周以后他们就能掌握全部的清洗方法了。这时母亲就不必插手孩子对自身的清洗，只需要在旁边陪伴他们，防止他们在沐浴过程中受伤就可以了。

当孩子两岁半时，父母应该让他尝试自己穿衣。很多父母认为孩子在这时行动还不够利落，穿衣这种事应该由自己代劳，但从心理学的角度而言，两岁半已经足以让孩子进行自己穿衣了。诚然，在这种时候孩子们的行动是非常缓慢的，需要父母等待很长的时间，但是想想孩子因为难受而号啕大哭的时候吧，我想为了减少这种哭声，我们的等待是非常值得的。要注意的是：在这种时候，他对纽扣仍然是无能为力的，他必须要通过长时间的练习，才能熟练地完成系扣子的操作。鉴于此，我们建议父母应为幼童购买纽扣在前的衣物，以便于孩子进行练习。在孩子四岁时，应该可以独立完成包括吃早餐在内的一切满足自己需要的活动了。

尽管我们为避免孩子产生愤怒的情绪提供了许多切实可行的建议，但是仍然无法完全避免孩子因为不适而愤怒。为了能够彻底解决这个问题，心理学家和父母们还有很漫长的路要走。

Part 10

教育偏颇
——教育需要理性而不是感性

我们相信每一位父母都是带着最美好的期待教育自己的孩子，他们希望孩子在他们的教育下，能够成为一个优秀美好的人，拥有独立生存的能力和勇气。但在现实生活中，有许多孩子做不到这一点，他们在为人处世上有很多不足，以至于他们无法恰当地融入自身所处的环境。行为主义者们认为，之所以孩子们变成这样，是因为父母在教育孩子的过程中对孩子过分溺爱。父母如果想让孩子们变得如他们所想的那样优秀，就必须与孩子保持恰当的距离，用更加理性的方式与孩子们相处。

为了让父母们认同这一点，改变自己过分溺爱孩子的做法，保证孩子不会因为父母的教育方式养成不良的行为习惯，行为主义者们从情绪、行为、能力这几个方面详细地介绍了溺爱对孩子们的一生造成的不良影响，并且提出了他们认为恰当合理地对待孩子的方式。尽管这些方法并不能被大多数人所认同，行为主义者们仍然相信：他们提出的教育孩子的方法对孩子的成长是极为有利的，它能够弥补父母教育孩子的不足之处。

1. 现代父母教育儿童所常犯的错误

在现代，有许多母亲并不认同我对教养儿童所提出的相关建议。她们认为我的教养方法会让她们失去教养孩子所带来的乐趣，也会阻碍她们与孩子建立深厚的感情。但我并不赞同她们的观点。我认为，为了获得教养的乐趣而对孩子们过分亲近，这恰恰是现代养育儿童存在的极为重大的缺陷。

在一对夫妻成婚后，他们之间像火焰一样浓烈的热情会很快在平淡如水的日子中消散。当孩子降生后，母亲会不由自主地将这份热情投入孩子的身上，用对孩子的热爱来弥补心灵中某一部分的空缺。这使得他们对孩子过于亲热，他们甚至会用频繁的亲吻表达他们对孩子的感情，这难免显得过犹不及，令人无法接受。

也许你会说这不过是我的危言耸听罢了，现代的父母已经能够用更理智的方法对待他们心爱的孩子了，摇晃孩子入睡这个旧习俗的废除就是明证。作为一个行为主义的学者，我多么希望你的说法是对的，但是当我见到如潮水一般涌来的反对我观点的书信时，我就知道这仅仅是我的一个美好的设想罢了。从古至今，人们都认为亲吻孩子是一个亲近的、正确的行为，认为它传达了世界上最美好的感情，而反对这种行为的行为主义学者，都是冷血无情不可理喻的。

但事实上，行为主义者们绝对不存在感情的缺失，他们同样渴望着天伦之乐和家人之间的脉脉温情。之所以他们提出不能亲吻的建议，是因为这一行为不利于孩子的发展，它无异于一座阻碍孩子前行的深谷，随时会让孩子坠入失败的深渊，又如同层层的迷雾，令孩子们迷失前行的方向。

在我详细地说明这些做法产生的危害之前，我们必须先了解爱这种情感是怎样在懵懂的孩童身上产生的。我相信有相当一大部分人认为爱是一种本能，是不需要通过什么方法去培养的。然而我们所进行的实验已经证明孩子的爱不是与生俱来的。对婴儿来说，只有接触他的皮肤才能令他对你产生爱的感受，其余的行为都是无济于事的。如果不信的话，你可以观察一下：孩子是不是在谁的怀抱中待得比较久，就会对谁更加亲近呢？是不是在频繁的拥抱面前，保姆甚至是毫无干系的陌生人也比生身父母更加亲近呢？这些事实已经足够说明爱这种情感的产生并不是出于血缘的天性，也不是来自无悔的付出，它只是来自简单的触碰罢了。

也许你会说这并不是废除亲吻的理由。相反，母亲们应该更多地与她的孩子们进行亲密的接触，以便他们能和母亲建立深厚的情感。但我要提醒大家，这种感情（无论是父母与子女之间还是两性之间）与恐惧一样，都只是环境影响下人为塑造的一种条件反应罢了。当孩子习惯了一个人的抚摸，那么他只要看到这个人的面孔，甚至只是听到了这个人的声音，都会产生爱的反应。哪怕是一个素不相识的人，只要他愿意花一点时间来抚摸亲吻这个孩子，就会导致这份感情的产生。反过来说，即使是骨肉至亲，如果他有几天没能亲近这个孩子，那么这种感情也就随之淡薄甚至是消失了。它是如此的脆弱和单薄，远远没有人们所想的那样无可替代，也并不值得父母们冒着毁掉孩子前途的风险去创造它、巩固它。

鉴于此，父母们应当习惯与孩子们保持一个适当的距离。既可以保护他不受伤害，也不至于因为与他过分亲近，令他养成种种不良的习惯。父母也不必觉得这样的做法会令你和孩子形同陌路，待他懂事以后，自然会明白你对他的一片苦心，到时候你们之间就会产生由理智延伸出的感情了。

如果我的这番说辞仍不足以改变你脑海中根深蒂固的与孩子亲近的想法的话，那就请你接着浏览下面的内容。当你深入了解了过分亲昵对孩子的成长带来的危害，也许你就不会对我的想法嗤之以鼻了。

我期待着有一天父母都能认识到他们在教育的问题上存在的不足，能够发自内心地接纳我的主张。将孩子们塑造成更加优秀的样子，这样我的心血就都没有白费，我因此所受到的非难也就可以一笑置之了。

2. 过分亲昵，危害警报已经拉响了！

很多母亲在生活中总是过度溺爱自己的孩子，她们会在日常的生活中不断地亲吻自己的孩子，或用其他亲密的肢体动作来表示她对孩子的关爱。每当孩子感到些许不适，她们就会第一时间抱起孩子，用亲吻等方式来安慰孩子。

我们认为这种方法是非常不值得提倡的。举个例子来说，当孩子蹒跚学步时，偶尔不小心跌倒，这个时候如果你向孩子张开怀抱，他自然会沉浸在你的安慰中，而他所进行的走路训练也就自然而然地废止了。而如果你站在他的不远处，轻声安慰他，鼓励他走过来，那么他就可以忽视疼痛带给他的影响，恰当地完成他的训练。这足以说明，过分的亲近是不值得提倡的，它不利于孩子形成坚强果敢的性格。

此外，我们还注意到，如果孩子们对父母的亲近习以为常，并将之定义为爱意的体现的话，很可能会产生一些不好的影响。如果和他关系很亲近的人，例如说朋友、恋人并不习惯这样的相处方式，那么这个孩子就会不自主地怀疑起他与朋友、恋人之间的这份情谊。如果他将这个疑问大大方方地问出来，得到一句"瞎想什么呢，我只是不习惯"，那么这份感情还能一如从前。但是如果他将这个怀疑的种子种在心里，那么或早或晚他与在意的人都会疏远，甚至陌路。要知道人的感情是十分脆弱的，如果这个孩子不能释怀他心底的在意，早晚有一天他会变得形单影只。

为了避免这些悲剧的发生，母亲们应该学会在照料孩子时，与他保持适当的距离，尽量用鼓励代替肢体接触，避免他对你的怀抱产生过分的依赖以致影响他的正常生活。

在日常的生活中，你要习惯给孩子留有自由活动的空间，让他按照自己的意愿对这个世界进行探索。不要因为担心就限制他的行动，你要相信他并没有你想象的那样脆弱，适当的挫折也有利于他的成长。当然这并不意味着你要在孩子的成长过程中彻底放手甚至是缺席。事实上，父母必须要处在一个恰当的位置，在这个位置你既不会干扰孩子的注意力，又可以时时关注他们的情况。举个例来说，当孩子游泳时，你不必亦步亦趋地跟随在他的身后，但你一定要站在泳池边一个随时都可以关注到他的地方。这样既能让孩子感受到游泳的乐趣，又能保证孩子的安全。

其实要杜绝孩子们养成不良的习性，还有一个一劳永逸的方法，那就是对婴儿采取一定程度的公养制度，让年轻的母亲们轮流照料她们的孩子，这样就可以杜绝孩子对母亲产生过度的依赖了。但这个方法目前只是一个不被接受的设想，在大多数母亲的眼里，这个方法都是不近人情的，她们认为提出这个方法的人都是试图抢走孩子的恶棍。但事实会证明，这个方法实际上是科学的，是能够避免孩子被母亲过度亲昵所害的方法。同时，事实也会证明，母亲将她们对伴侣的爱转移到孩子身上是非常不值得的。

3. 盘点溺爱在婴儿期的巨大影响

婴儿期的过分溺爱会对成人产生很多的影响，下面我们不妨对此进行一一说明。如果一个婴幼儿在儿时受到溺爱，那么当他长大成人后，他就会经常感觉到身体不适。事实上这并不是因为他的生理机能出现了问题，而是因为父母的过分宠溺导致的依赖心理在作怪。

溺爱孩子的父母往往会过分在意孩子的身体状况，当一个孩子表现出轻微不适的时候，父母对他的一切要求都被放宽了，他被允许不完成本该完成的任务，做一些平时不允许做的事情，而不必担心产生不好的后果。比如说，他今天本需要完成的作业，但是一旦不舒服，那么作业就不需要完成。这个时候如果他想玩游戏，父母也不会阻拦。与此同时，父母还会不自觉地改变他们的态度，他们说话的声音会更加轻柔，每隔一会都要问一下孩子的情况，孩子只要告诉父母自己有什么事情没有做好，父母就会主动将这些事情完成，以免孩子因为这些事情无法安心修养。天长日久这个孩子就形成了一种潜意识：只要不舒服，困难就会有人帮自己解决。在这种潜意识的影响下，每当他遇到无法解决的困难，他就会感到自己身体不适。这当然不能解决他的难题，却会影响他的生活状态，让他时时带着一种病态，影响他的生活质量。如果不信，你可以观察一下，在你身旁总说自己身体不适的人，他们每次不适的时候是不是都有解决不了的难题在等着他们？而他们容光焕发的时候，总是难题得以解决的时候。这足以说明他们的身体情况是受心理情况的影响，是依赖和逃避的心理导致他们常年不适。

在我们看来，常年带着这种由心而发的病容生活，已经是一件天大的不幸了，它不仅会影响我们的生活质量和身体健康，还有可能影响我们与人的交际往来。试想一下，有谁愿意和一个长带病容、满脸憔悴的人长期相处呢？但母亲的溺爱所带来的危害却不止于此。

上文我们所说的潜意识一旦养成，那么当孩子遇到困难时，他就无法专心致志地解决问题，他们总会找各种各样的借口来逃避这些困难。当他们还是孩童时，他们总能如愿以偿，但当他们步入社会，就没有人会像父母那样无条件地谅解他、为他善后了。这种情况下，他们会在工作竞争中遭遇滑铁卢也就不难理解了。想一想在员工选拔的时候，有哪一个领导会想要一个遇事就躲避，不对自己的工作负责的员工呢？

除此之外，有些母亲喜欢用拥抱、抚摸等肢体动作表达对孩子的亲近，她们一看到孩子就会拥抱他、抚摸他，一刻不停。当孩子们习惯了这种相处方式后，每当母亲出现在他们的视线里，他们就会对自己正在进行的一切失去兴趣，专心要求母亲的拥抱。这会使他疏于对所处环境的探索，自然也就无法让他获得环境所赋予他的能力和兴趣了。举个例子，孩子正在兴致勃勃地拼他手里的魔方，这时母亲走了进来，孩子就立刻遗忘了魔方，扑到母亲的怀抱中撒娇，这种情况下，他就无法通过拼魔方这一游戏得到智力的开发了。再比如说，孩子们正在观察出生的动物，了解生物学的相关知识，这个时候母亲突然走了进来，已经习惯了与母亲亲近的孩子，必然会将对动物的好奇忘得一干二净，只将注意力放在母亲的身上，在这种情况下，他必然会比一心观察了解动物的孩子少了许多相关的知识。这样日久天长，两个孩子之间自然而然就形成了很大的差距。事实上，这种差距一旦形成就很难进行弥补。

许多溺爱孩子的母亲还有一个不得不说的缺点，她们自己打理孩子的所有事宜，不让孩子自己动手。我相信你们一定在无意中见过这样的情景，在一个孩子出门前，母亲跟在后面给他穿鞋、拿水，还不停地叮嘱着走路的时候要注意那些坑坑洼洼的地方。她完全不认为这样做有什么不对。每当有人质疑这样是不是管得太多的时候，她总会振振有词地辩驳说孩子自己做事太慢了，或是孩子自己弄得不够舒服。在这些妈妈们的眼里，她们的孩子还太小完全不具备照顾自己的能力，实际上她们的孩子早已不是幼儿了，与同龄的孩子相比，这些孩子的动手能力会差很多，旁人轻轻松松就能完成的事情，在他们眼里往往就是巨大的难题。即使他们后来能够自己做到这些事情，所付出的也要比那些从小接触的孩子多得多。甚至于他们会因为自身能力的短板失去一些自己想要的机会，这对他们的人生来说实在是巨大的不幸。

为了使我们的孩子不至于养成过分依赖，缺乏事业心，喜欢无病呻吟，进入社会后难以适应等不利于生活的习惯。我们必须告诫母亲，不能对孩子过分溺爱，要用比较理智的行为对待孩子，让他拥有独立面对自己人生的能力。只有做到这些，你才是一个合格的母亲。

Part 11

人体阐述
——人体组织的构成与运作

如果要了解人的行为反应，那么就需要知道人体的运作方式，知道参与其中的有机体各部位的运作方式。因此，就需要先了解人体各部位的基本组织和构成，了解它们是怎样在刺激之下发生反应的。

对行为主义者来说，了解人体生理学的知识，对人的行为研究十分有帮助。在生理学或者是解剖学中，人体是先被分解再进行研究的；但是行为主义者的人类行为研究则不同，它是从整体着手对人体进行研究的。

我们都知道，人体能够从事各种各样的工作，人类的所有工作都不能离开人体的参与。但是由于人体之间的差异，导致它的功能也会有差异，所以不是每个人都能胜任相同的一份工作。可以说人体是一个器官机器，但是它却比人类所有的创造都要复杂。行为主义者从行为的角度出发，通过对人体各部位及其活动的讲解，为大家更加深入了解行为心理学打好基础。

1. 儿童行为反应的微观刺激：细胞与组织

想要了解儿童的行为反应，就需要明白在其行为发生的时候，参与其中的机体各部位是怎样构成和运作的。这也就说明行为主义者需要清楚身体各部位功能及实现其功能的内在机制，以及它们如何在刺激下使身体发生反应。人体生理学知识对行为主义者的研究提供了十分有益的指示，不过行为主义者是站在行为角度，从整体上来研究人体的。

人能够从事许多工作，并不意味着所有人都可以从事相同的工作。因为并不是所有人都能够百分百一致，这就使得其机体功能会出现差别。这种差别使人体功能受到一定的限制，而这些限制基本上取决于构成人体的物质，以及这些物质构成的方式。

细胞（Cells）是人体基本的结构和功能单位，是构成生命物质的微小单位，体型极微，对于它的观察，必须借助高倍显微镜。每一个细胞都是一个单位，通常包含一团细胞质（Cytoplasm），也包含着一颗或者多颗近似球形的细胞核，细胞核内含有一种称为染色质（Chromatin Material）的网络组织(Network)，它容易被苏木精、洋红、龙胆紫溶液等碱性染料染成深色。从某种程度上讲，细胞的整个活动是由细胞核来管辖和控制的，可以说细胞核是遗传的信息库，是细胞代谢和遗传控制中心。在整个有机体的存活期内，不少细胞会有独特的表现，有些细胞会在极其短的时间被它们自己的分泌物、派生物、突起所遮掩。

科学研究发现，人体的四种基本组织由四种不同类型的细胞和它们的产物所构成，人体各个器官的形成，例如皮肤、大脑、肌肉、心肺、腺体等，都源于这四种基本组织的不同组合。

（1）人体表层及所有开放部位的细胞。首先是构成人体皮肤的表层，因此我们需要一些细胞来组成这个表层膜。然后，对于人体的不同部位，如头发、牙齿、手指等，我们需要根据这些部位的功效对这些组织中的细胞进行一些更改。在另一些部位，如眼角膜（Cornea），也同样需要对这一组织中的细胞进行一些更改，以便其透光。之后，还需要一些细胞去构成全部的内管（Inside Tube）和内腔（Lumen ），如消化道——口腔、咽、食道、胃、小肠和大肠等。血管和脑室、脊柱也需要一些细胞来构成。此外，还需将这些组织组合成腺体，然后进行更改，方便它们分泌体液——血液、组织液、淋巴液、唾液，以及除此之外的人体需要排泄和分泌的体液和化学物质等。对于上述用途的细胞，我们将其命名为“上皮细胞”（Epithelial Cell），机体的“上皮组织”（Epithelial Tissue）便由它们构成。

（2）为支持和联结人体各部分而构成的组织细胞。人体的各部位具有不同的特征，我们不能只采用一种类型来构成人体。联结人体的各部分需要坚固的组织，肌肉的维系需要高度弹性的腱（Tendons），而鼻子则需要牢固的软骨。当人体处于胚胎期时，一个强健的框架（Fram Work）是不能少的，有了它才能够存放矿物盐（Mineral Salts），使骨骼形成。在它们形成骨骼以后，早先结缔组织（Connective Tissue）的框架就不见了。骨骼的外面还需要有一层坚韧的骨膜（Preiosteum）来包裹它，使骨骼之间的连接处有一个缓冲物存在。为维系骨头的移动，我们还需要一种纤维，这种纤维非常坚韧牢固，就是白色的纤维软骨（Fibrocartilage）。所有这些支持联结框架构成的被称为结缔组织细胞，人们将这些组织叫作结缔组织，它们就是那些软骨和骨骼、肌腱、纤维、网眼状结构。

（3）形成肌肉组织的细胞。我们所要构造的人体是要具备自由行动的能力：可以呼吸，心脏能够跳动；胃可以收缩和扩张；血管能够延伸和收缩。换句话来说，在我们构造人体时，我们得为这个人体提供运动能力，为他的许多中空的内部器官塑造形状，并为它们的大小及变化设定一个限度。譬如，对于人体的胃，我们需要考虑其在大小方面有相当大的变化；血管亦然，它的大小同样必须有一定的变化。如果想要体现所有不同的人体肌肉功能，单凭一种肌肉细胞是做不到的，因此我们需要两种肌肉细胞和两种组织。

①横纹肌和骨骼肌细胞及横纹状肌肉组织。这些横纹肌细胞的直径平均为1/500英寸，通常它的长度是一英寸，也有时候稍长一些。它们具有相同的长度，并且没有分支（Branching）。因为是由纵贯整个细胞的、有黑白相间的条纹构成，所以这种细胞被称为横纹细胞。肌肉细胞的构成像其他细胞一样，也有细胞核，一般它会有几个细胞核，在每个细胞表面覆盖着一层坚韧的结缔组织膜。通常，构成一条肌肉（横纹肌组织）需由成千上万个这样的细胞。作为一个整体，肌肉同样也和其他组织一样，被结缔组织的保护鞘包裹，这层保护鞘被称为肌外膜（Epimysium）。血管纵横交叉于肌肉之间，构成了人体许多的大肌肉，例如手臂的二头肌、大腿、舌头、控制眼睛的六大肌肉，还有躯干的肌肉等。横纹肌会在我们进行快速运动和大幅度运动的时候发挥作用。

②非横纹肌或平滑肌细胞（Non striated muscle or Smooth Muscle Cells）和平滑肌组织。这些看起来像头发丝一样的细胞，就是构成非横纹的平滑肌细胞。这些细胞组织成层（Layers）构成了肌肉层（Muscular Coats）。我们的胃、肠、膀胱、性器官、眼球的虹膜（控制瞳孔的开合）、通向腺体的导管管壁，以及动脉和静脉的主要肌肉层，都是由非横纹组织构成的。

（4）神经细胞和神经组织。除了那些基本组织，我们还需要另外一类细胞构成的组织，使人体变得更为完善。人类在面对刺激时，需要有做出快速而复杂的反应能力。我们都明白，用横纹肌和非横纹肌、腺体或者肌肉与腺体的结合，动物才能做出反应。一般来说，敏感的刺激点与反应发生点并不会重合，它们之间是有一段距离的。例如，我们在走路的时候被荆棘刺到脚，我们的第一反应是停下，然后将那个刺入脚底的荆棘拔出来。我们之所以会做出这样的反应，归功于我们特异的、高度发展的神经细胞及其反应过程。从脚上的皮肤传递到脊髓，并由此上行至大脑，由大脑回到脊髓，再从脊髓传递到躯干肌肉、手和手指，就此形成这样一条神经通路。神经细胞与它所反应的这一过程，是肌肉快速联结感官的结构体现。

当然，从人体构造来看，神经细胞同其他人体细胞并没有太大不同之处。在每个神经细胞中，都包含一个细胞体与其旁枝或是突起。这些旁支或突起有的时候数量很少，有的时候数量又很多。我们拿人体脊髓的某细胞为例，对此加以分析说明。该细胞有一个含细胞核的细胞体，在细胞体周边，我们可以观察到许许多多密密麻麻的短小旁枝，这些旁枝如同一棵大树上伸出的枝丫，所以我们称其为树突（Dendrites）。我们还能观察到，在细胞体的某处有一条细长的纤维延伸出来，有的细胞体的纤维长一些，而有的则短一些，其所延伸的距离并不相等，我们称之为轴突（Axis Cylinder）。常常会有一些旁枝从轴突上长出，这就是侧突（Collaterals）。在整个轴突的表面上，甚至它的侧突都被一层我们称之为髓鞘（Medullary Sheath）的脂肪保护层所覆盖。不过，髓鞘并不会出现在树突上。以上讲述的这些所有细胞及其突起被称为神经元（Neuron）。神经元构成了大脑和脊髓，是所有神经组织的基本单位（Unit）。

树突接受各种神经冲动，其功能相当于一个收容站。由于一个神经元的轴突末梢和另一个神经元的树突是相连接的。所以，神经冲动亦然，它经细胞体进入轴突，又通过轴突来到下一个神经元的树突。由此可见，神经元系统常常存在着正向传导（Forward Conduction）。

2. 存在于感觉器官中的物理—化学刺激

前面我们只是讲述了细胞和由其构成的基本组织，而由这些组织组成的器官的问题，是我们现在必须要探讨的。之所以探讨人体组织的构成，是为了更好地阐明我们的观点，因此我们只需考虑以下几点：（1）感觉器官（Sense Organs），各种刺激能使人体对它们产生反应，正是由于感觉器官的存在。（2）反应器官（Reaction Organs），即整个肌肉系统和腺体系统。（3）神经的或传导的器官，就是将感觉器官和反应器官相联结的器官，即外周神经（Peripheral Nerves）、脊髓与大脑，外周神经分布于身体四周，它们从感觉器官行至脊髓和大脑，直接到达横肌纹并间接到达平滑肌与腺体。

关于基本组织的研究已为大家了解人体器官铺平了道路。人体器官是由四类细胞及其组织结合所构成。比如，在肌肉系统中，你会发现神经组织与上皮组织，还有包含着每一种肌肉细胞的结缔组织。

下面我们来探讨一下每一类人体器官所拥有的一般特征。鉴于此，我们要给最需要研究的器官做一个分类：

1. 感觉器官——即各种刺激出现之时，能在人体上产生其效应的器官；

2. 反应器官——由使骨骼和心脏运动的横纹肌系统、内脏的非横纹肌系统、腺体三部分所组成；

3. 神经系统——由脊髓、大脑和外周神经组成，它联结感应器官和反应器官。

其实一个感觉器官的一般活动情况并没有我们想象的那样复杂，它是非常简单的，并且近乎一致。每一个感觉器官都包含为它们提供滋养的血管和协调它们接受刺激的横肌纹纤维和非横肌纹纤维，即它们得以构成的结缔组织。所有这些，都包含上皮组织和神经组织——肌肉和腱中的感觉神经末梢除外。

在感觉器官中，最令人感到惊奇的结构是上皮细胞，它也是人体中最有意思的结构。这种细胞的感受性只源于某种形式的刺激，也就是所谓的选择性感受（Selectively Sensitive）。比如我们的眼睛里对光具有感受性的两种上皮元素（Elements），即视杆（Rods）细胞和视锥（Cones）细胞，视杆和视锥是视神经的联结成分的终端。在人的耳朵里，有一组上皮细胞十分独特。一种称为基底膜纤维（Basilar Membrane Fibre），这是一种纵贯内耳的骨腔（Bony Cavity）的细胞；在此上面有一对构成弓形的细胞，称为柯蒂氏器（Corti organ）；在柯替氏器另一面有一组里外成排的被称为毛发细胞（Hair Cells）的上皮细胞；神经元素的终端即听觉神经围绕着这些毛发细胞。这组结构在某种波长的音调发出声音之时，便作为一个整体开始振动。只有肌肉被运动神经压缩或拉长时，肌梭（Muscle Spindles）才会起作用；味蕾只有在与有味道的物质接触之时才起作用；嗅觉细胞在气味颗粒传入之时才会起作用；半规管（Semicircular Canals）对内耳的液体的干扰只有在头部运动时才会产生；皮肤细胞发生感应却是带有选择性的，它只对某些类型的刺激发生感应，如轻触尖厉的刺、割、电击、热的物体、冷的物体、痒等。

我们来对上述情况进行一下归纳总结：

<table>
<tr><th colspan="2">感觉</th><th>感觉器官</th><th>所感受的刺激</th></tr>
<tr><td colspan="2">视觉</td><td>眼睛</td><td>光的传播</td></tr>
<tr><td colspan="2">听觉</td><td>耳朵（耳蜗）</td><td>空气的传播</td></tr>
<tr><td colspan="2">嗅觉</td><td>鼻子</td><td>气味物质的接触</td></tr>
<tr><td colspan="2">味觉</td><td>舌头</td><td>有味液体物质的接触</td></tr>
<tr><td rowspan="4">肤觉</td><td rowspan="2">温度觉</td><td rowspan="4">皮肤</td><td>暖、热的物体</td></tr>
<tr><td>冷、寒的物体</td></tr>
<tr><td>压觉</td><td>与任何物体接触</td></tr>
<tr><td>痛觉</td><td>刺割、灼烧</td></tr>
<tr><td colspan="2" rowspan="2">动觉</td><td>肌肉</td><td>肌肉位置的改变</td></tr>
<tr><td>肌腱</td><td>肌腱位置的改变</td></tr>
<tr><td colspan="2">平衡觉</td><td>耳朵（半规管）</td><td>头部位置的改变</td></tr>
</table>

适当的刺激作用于相应器官的时候，会发生某种物理和化学的变化。在我们日常生活中有很多简单的事情，能够使我们将这个问题看得更明了。比如，胶卷平面一旦被光线照到就会变黑。再比如，把钢琴的制音器取走，演奏中度C调之时，不用再按键，中度C调弦便可发出乐声，也就是人们所说的共振（Sympathy）。

在感官中，这一物理—化学过程是由于刺激的作用所引起的，也将会引发下一个过程的活动。它在上皮细胞有联系的神经末梢中建立起一种神经冲动，这种神经冲动会在经过一系列神经元的传导之后，到达中枢神经系统（大脑和脊髓），之后再经大脑与脊髓到达肌肉或者腺体。

3. 来源于人体内部的刺激对象：肌肉

探讨完了刺激在人体上产生其效应的器官—感觉器官，再让我们来介绍一下对感官活动做出相应反应的人体反应器官。反应器官也可称作效应器官（Effect Organs），其中包含肌肉和腺体。如果失去这些结构，人体就什么事情都做不了。

首先，我们先来了解一下肌肉。

我们人体的主体是由横纹肌和骨骼肌系统构成的。剥掉皮肤，我们可以看到一层层的横纹肌。系统中任何一块肌肉都有它特定的任务，即使错综复杂的肌肉排列看起来有些杂乱无章。这些肌肉受我们“意愿”的支配，我们称之为随意肌（Voluntary Muscles）。研究一下它们的活动，你就会发现，当你弯曲手指、抬起手臂、弯腰、跳跃、奔跑之时，全身的肌肉都会跟着参加活动，它们总是成群活动的。比如，你伸手去拉窗帘，在你进行这个简单的动作前，整个身体一定是呈现一种新的状态。紧接着，你去拾地上的一根针，此时人体的所有肌肉又会迅速发生变化。

谈到骨骼肌，那么与之联系密切的人体骨骼便不得不提。人体中有200多块骨头。有像头盖骨这样紧密相连、固定不动的，有像脊椎骨和肋骨这样能进行少量运动的半运动（Semi-mobile）状态的，还有像肘关节、膝关节这样可以朝一个方向或者是几个方向灵活运动的。横纹肌通过结缔组织同骨骼们连接在一起，大部分肌肉的两侧都连接着骨头。

有些运动需要将身体伸直，比如，我们必须直起身子才可以站在篮球上；有些弧形运动则需要有很大的速度，比如，打拳击时手臂的动作。假设我们向某个特定方向活动肢体，比如弯曲手肘，那这一动作所需的每一块肌肉或肌肉群都会有与之相反应的肌肉做出相反的动作——手臂伸直或者手臂伸展运动。我们的动作和运动之所以流畅自然、精细匀称，正是由于肌肉及其对抗肌的紧张牵制。在我们举起手臂时，屈肌会发生收缩，同时，对抗肌的紧张情况会得以缓解。这也就是说，当某一特定肌肉收缩时，其对抗肌大小和形状会逐渐恢复到放松状态。

如果肌肉跟一台机器一样运作，那么它的效率是怎样的呢？卡耐基营养实验室（Nutrition Laboratory of Carnegie Institution）测定的肌肉系统的精细功率（Fine power）是稍高于21%，而一台蒸汽机的净功率在15%~25%。这项测试表明，肌肉的效率在它如同机器一样工作的时候相当于一台蒸汽机。

肌肉所需要的营养。肌肉在营养良好的情况下，会通过血液循环来储存食物。它们以血糖（Blood Suger）的形式存在于血液中，肌肉组织能将这些血糖转化为糖原（Glycogen），也称作动物淀粉（Animal Starch）。在肌肉运动时，这种以糖原形式储存的食物被逐渐消耗。在储存的食物消耗殆尽之时，肌肉会依赖由进一步的血液循环所带来的血糖。无管腺（Ductless Glands）也可以为肌肉增加食物供给，这个后面会为大家作具体的介绍。

肌肉产生的废物和疲劳。肌肉会在其进行工作之时发生化学变化，产生二氧化碳（Carbon Dioxide）、乳酸（Lactic Acid）和其他一些酸性物质，当然也会带来一些疲劳的副产品，以致肌肉无法继续正常工作。此时，无管腺会加快速度清除疲劳副产品，给工作状态中的肌肉增加血液提供，为肌肉提供援助，同时还会抵消疲劳产生的副产品。消耗所储存食物的过程就是肌肉工作的重中之重。

肌紧张是指已收缩的肌肉在小憩之后可再次收缩，除非它停止工作。短暂的休息不但能消除疲劳，还提供了充足的时间，以便血液带来新鲜的营养。当然，若是肌肉运动过度，也就是过度肌紧张，那么肌肉恢复的时间就会变得非常漫长。不过，肌肉因为运动过度受到损害的可能性相当小。

练习的效应。经常运用肌肉才不会导致肌肉作用的消退和萎缩。如果营养供给不足、废物排泄不尽，那就是因为缺乏良好的循环，而缺乏良好的循环，则是因为缺乏锻炼。当下，所有卫生学家都明确了坚持锻炼对于保持肌肉良好状态的重要性。卫生学家建议忙碌的人们进行简单的锻炼；空闲时间较多的人多进行户外运动；使用特定肌肉来从事某种活动的人每天拿出一些时间来锻炼其他部位的肌肉。人身保险公司和商业组织这些社会机构也为正规的锻炼提供了便利。通过锻炼使体内器官健康、肌肉健康已经成为当今人们的共识。相信合理的锻炼可以让老年人散发青春活力，让年轻人更加朝气蓬勃。

强调运动的作用，让肌肉变得柔韧，使人的生命得以延长、青春长驻，这是行为主义者特别重视的事情。

平滑肌或非横纹肌系统：相对于横纹肌来讲，主要参与人体器官构成的是平滑肌。在我们讨论平滑肌以前，先来看看人体的内脏（Viscera）。内脏这一术语在行为主义心理学中被广泛应用，这是由于我们渐渐意识到，可以引起人体许多反应的主要刺激是来自内脏器官的变化。对于某种反应，我们经常无法讲出其中缘由，这种反应大概就是内脏变化的刺激所引起的反应。

我们需要扩大一般含义上内脏的外延，它包括：嘴、咽喉、食道、胃、肺、心脏、大小肠、静脉、动脉、膈、膀胱、输尿管、肝、脾、肾、胰脏以及所有腺体、性器官。这样的扩展或许并不严格，但这样一个能将我们人体所有的内部器官囊括在内表述出来的心理学术语是我们所需要的。

在以上提及的这些人体内部器官的构成上，平滑肌组织占有重要地位。

有许多内脏器官是中空的，有时候我们会把它们叫作中空器官（Hollow Organs），但它们都是充满的或者部分充满的。比方说，胃里有食物，肺中有空气，心脏、动脉和血管里充满了血液，小肠里又经过了消化正在被吸收的食物等。中空器官是很重要的，当它们太空或被填得太满都会“提出抗议”。被包含其中的物质总是一刻不停地运动、改变着，于是这些中空器官也不断地作出相应的反应，而所有这些反应都可以形成能够使人体作出反应的内脏刺激。让我来给大家讲解一下，胃壁是由几层平滑肌构成的，胃壁在胃囊中有食物的时候会正常舒展，肌肉同样如此。一段时间之后，食物进入小肠，胃就空了。于是，它开始了有节奏地收缩，也就是所谓的饥收缩（Hunger Contractions），这样的作用会促使我们进食。不过，膀胱和结肠中的情况跟胃里的情况正好相反。当它们内含物过多，器官壁就会膨胀，这就产生了很强烈的刺激，以至于让我们想尽快将这些内含物排泄掉。

心颤、心悸、心动过速所导致的缺氧、发冷或发热等，也都会使我们的膈和肺的活动产生明显变化。

这些平滑肌器官每秒都会发生数千次反应，而内脏又与感官结构相连，所以它们每一次的反应都会作为唤起一般身体反应的一种刺激。比如，横纹肌的运动就是它们所唤起的。我们的皮肤会起“鸡皮疙瘩”，是因为皮肤中也有平滑肌，瞳孔直径会发生改变，也是由于眼睛中有平滑肌。平滑肌存在于人体的很多部位，甚至我们的毛发中也发现了平滑肌的存在。

我们的刺激世界，不仅仅有视觉、嗅觉、听觉这些外部的对象，还有肌收缩、急促呼吸、心悸、膀胱膨胀等内部的对象。

从生理学上来看，平滑肌和横纹肌在很多特征上都存在不同之处，但是它们在收缩、舒展、潜伏期和恢复现象这些主要事实方面都是类似的。

4. 腺体：不自觉行为的魁首

在你的认知里，你也许会认为腺体并没有其他反应器官那么重要。别着急，让我先来举几个例子。如果我在你面前剥洋葱，你或许不会逃走，但你的眼睛却会流泪。当然，若疼痛感强烈，那也会流泪。流泪反应会被条件化，比如 3 岁的小朋友看到医生那一刻立马就哭了起来，这就是悲伤的消息引发的流泪。无论真假，这类反应确实起到了不小的作用，孩子们能够屡屡从父母的棍棒下逃脱，乞丐得到了人们的施舍，政客能给自己赢来更多选票，甚至许多王国命运的改变都是由于女性的眼泪。

假设我将你关在一个闷热的房间，此时你皮肤的汗腺就会活动起来，嘴巴也会开始湿润或者干渴，这都是因为唾液腺的过度分泌或分泌不足。说了这么多，现在你至少能明白腺体是我们重要的反应器官。它们是内脏系统的重要组成部分，与内脏（Viscera）密切相关。尽管它们中也存在一定的平滑肌纤维（Smooth Muscle Fibers），但它们不能算是肌肉器官。我们之前讲过，高度特殊化的上皮组织（Epithelial Tissue）构成了腺体。腺体与平滑肌、横纹肌不同，它们作出反应时会分泌液体，不会发生收缩。

我们把腺体划分为两大类型——管状腺 (Tubule Glands) 和无管腺（Ductless Glands）。管状腺中有一根从腺体直通体外（如汗腺）或内腔（如唾液腺）的小管。通常情况下，这些小管会分泌一定数量的液体或固体（如内耳中的耳垢）。在整个消化道，有一些具有黏液（Mucus）的小腺体排列其中，诸如鼻孔、舌头、口腔等器官之所以能够保持湿润，都是黏液腺的功劳。

很多管状腺在食物的消化过程中起着很大作用。消化过程开始之时，由口腔内的唾液腺所分泌出的唾液来帮助消化，之后胃囊中几种不同类型的腺体来帮助继续消化，最后由小肠内或附近的腺体分泌出的液体完成消化。这些腺体主要有分泌胰液的胰腺、分泌胆液的肝脏、肠壁上的腺体。而分泌尿液的肾脏则是人体中大腺体之一。

腺体在受到刺激后会发生反应，而诱发腺体反应的无条件刺激则来自感觉器官。也可以这样说，分泌反应（Secretion Responses）和运动反应（Motor Responses）一样，都是通过感官刺激被唤起。

也许你曾经认为腺体分泌与人类高级行为形式没有太大关系，但是通过前面的讲解，这种看法是否已经有所改变？关于“我们所谓的高级行为形式被低级分泌反应可怕地控制着，尤其是它们中的一种或几种失调的时候”的这一说法，你们能否认同？有的时候，唾液腺会出现分泌不足或分泌过多的情况。比如，我们感冒后鼻腔中的小黏液腺会分泌过度；消化道分泌失调或不足时，喉咙会出现干燥过敏的情况，我们的行为也会由于这些发生改变。甚至可以说，我们的社会行为也是与之息息相关的。假如位于内脏各壁腔中的腺体出现差错，那么随之而来会出现很多这样或那样的状况。然而，关于内脏和腺体的反应，我们用语言是难以描述的。打个比方，我们可能伤害了朋友的感情、浪费了好的工作，甚至失业或者更加糟糕，而我们却无法对形成这些差错的原因做出解释。

无管腺也被称作内分泌器官（Endocrine Organs）。近年来，对于这些令人难以琢磨却又不断引人探索的无管腺构造，生物学界与医学界集中了大量的精力去探讨。管状腺通过管道开口分泌液体，它们的分泌反应是由它们的活动所决定的，且分泌的数量是可以测量的。但是无管腺却不同，哪怕腺体很大，比如甲状腺，其分泌物也是很少的。因此，我们在对它进行采集或直接测量时，无法使用已知的生物方法。

况且，无管腺的腺体外部没有开口，至于其分泌物是如何释放到人体的，答案也很明确。如果我们把无管的或者封闭的腺体看成一个化学实验室，每一个实验室里面都在制造化合物或化学物体，虽然量少但力量强大。当血液在这些腺体细胞里流过时，就会带走这些化学物质，把它们运送到别的器官，有的时候，这些化学物质是被血液间接地从发生分泌的腺体中带走。人体许多器官内的活动，都是被这些微量化学物所唤起的。这些从无管腺体中分泌出来的物质就是激素（Hormones），它指的是能够激发和唤起活动的物质。激素是腺体激发人体另一部位或者抑制人体另一部位活动的化学递质（Chemical Transmitter）。关于无管腺分泌，我们对于它的了解主要集中在它们那种如同药物作用于人体一般的活动上。在人体基本营养方面上也好，在人体生长方面上也好，它们所起到的作用是十分重要的。在人类一般行为方面，它们也同样起到了极为重要的作用，就像我们下面将要看到的一样。

5. 反应器官——内分泌腺及作用

最重要的内分泌腺（Endocrine Glands）：无管腺包含甲状腺（Thyroid）和甲状旁腺（Parathyroid Gland）、肾上腺体（Adrenal Gland）、脑垂体（Pituitary）、松果体（Pineal Body）、所谓的发身腺（Puberty ）。当然还有别的腺体，如胰腺、肝腺、胸腺等，不过它们并没有上面的那几种重要。

甲状腺：甲状腺用手摸是可以感觉到它的存在的。男性因为有喉结摸起来更容易一些，在喉结向下 2~3 厘米处便可感觉到；而女性虽然没有喉结但也可以在相应的部位感觉到。甲状腺很大，在它的腺体上面，横跨于气管之前的，如桥梁般被我们称之为峡部的结构将腺体的左右两叶相互联结。它的构成主要是特殊的上皮细胞，上面有很多的血管与神经纤维直接通往腺体细胞。

甲状腺体能够分泌出甲状腺素（Thyroxine），甲状腺素是一种能力极强的化学物质，它含有 60% 的碘（Iodine）。甲状腺素是可以通过实验被提取出来的，也可以在实验室被制造出来。

甲状腺对于一个人的成长发育起着很重要的作用。当婴儿生下来的时候，如果伴有甲状腺素不足或缺乏，那么这个孩子就会成为一个呆小病（Cretinism）患者，他会停止继续生长，他的骨骼无法坚固，皮肤会很干燥，毛发也会变得干枯毛躁，生殖器更是无法发育。他只能学会最容易的事情，正常的行为活动受到严重的影响，而且这种情况也不会随着年龄的增长而改善，他的反应会一直停留在婴儿的状态。当成人因病导致甲状腺素不足之时，虽然身形不会受到影响，但在其他方面也会出现某些破坏性症状，比如毛发干枯脱落，皮肤苍白湿冷，体重下降等。好在由于现代生理科学的发展，儿童可以通过定期摄入甲状腺素或者摄入绵羊甲状腺来重新恢复生长。虽然这个摄入过程是终生的，却也给予了儿童和成人足够的信心。

甲状腺素的缺乏会带来诸多问题，但是甲状腺体有时也会过量分泌甲状腺素，也就是甲状腺功能亢进症（Hyperthyroidism）。当出现这种情况时，人体活动水平开始提高，血压升高，心跳加速，所有机体活动过程也不再像以往一样，而是开始加速。这种时候，人会经常失眠，而且容易激动。这就是所谓的格雷夫斯病（Graves Disease）。以往的治疗方法通常会通过外科手术切除一部分甲状腺，而现在则是采取“特殊摄入疗法”，通过摄入碘来预防和治疗。

甲状腺相当于整个人体的统帅。当它分泌过度时，人体细胞的活动水平就会提高；当分泌不足时，情况则恰好相反。

甲状旁腺有两个像豌豆大小的固体块结构位于甲状腺叶附近，它们由特殊的上皮细胞构成，这就是甲状旁腺。关于它在人体中所起的确切作用还有待研究，不过，切除甲状旁腺所带来的后果，我们却是一目了然。倘若病人需要切除甲状腺时，甲状旁腺也因故被切除，如果甲状旁腺全部被切除，就会导致病人死亡。这一点在其他哺乳类动物身上也同样——当甲状旁腺被切除后，动物体会出现肌肉痉挛、收缩不协调、呼吸急促、体温升高、呕吐腹泻，直至死亡。甲状旁腺的分泌物对神经系统活动度具有监督和抑制的作用，这一点是毋庸置疑的。甲状旁腺的分泌物也影响着骨骼组织和牙齿构造所需要的钙的存积。

当然，有一些小动物在切除甲状旁腺后依然存活了几周，但是它们普遍出现了骨质疏松、牙齿松动的状况。它们在摄入甲状旁腺素之后活了下来，但至今都没有合适的方法能使这些小动物长期存活。因为我们尚不能分离从甲状旁腺中提取出来的化学物质。

肾上腺（Adrenal Glands）是人体重要的内分泌器官，它位于肾脏两侧上方，两侧各一，切除会导致死亡。如果切除动物的肾上腺，动物则会表现出无力、体温下降、心跳减速，通常于三天后死亡。其分泌的物质被称作肾上腺素（Epinephrine），这种物质已被约翰霍·普金斯医院（Johns Hopkins Hospital）的阿贝尔（Abel）和其他一部分人士成功提取。

情绪激动的时候，大量肾上腺素会被释放并进入血管。比如在十分哀痛、极其恐惧或者异常愤怒的情绪下，人体会出现持续强烈的肌肉作用。

有几个因素会在兴奋性刺激的情况下导致肌肉作用增强。我前面讲过一种贮存在肝脏里的食物——糖原（Glycogen）。情绪激动时，血液中所包含的肾上腺素就会增加，它能将肝脏中所包含的糖原进行分解，然后使其以血糖（Blood Suger）的形式进入血液中，作为备用的食物被输送给正在工作的肌肉。被释放进血液中的肾上腺素可以引起动脉血管的扩张，于是工作状态中的肌肉内的血流量就会增大，流速更快。除此之外，它还可以将因肌肉活动而快速累积起来的废物迅速清除干净。肾上腺机制（Adrenal Gland Mechanism）是哈佛大学（Harvard University）的加农（Cannon）教授发现的，动物跑得更快、更剧烈地争斗，且争斗时间持续更长，均是因为这种机制的影响。对人类而言，在充满竞争或敌意的环境中，肾上腺机制是激发争斗的生物因素。

脑垂体（Hypophysis Cerebri）是位于大脑后下方的一个很小的组织，可它却是人体中最为复杂的内分泌腺。它由腺垂体（The pituitary gland）和神经垂体（Neurohypophysis）构成，每一部分都可释放一种或多种特殊的激素，它们均可以看作独立的腺体。

假如一个人被切除了脑垂体前部或者前叶，那么他会出现体温下降、步履不稳、憔悴、腹泻的情况，并且在几天内就会死亡。如果一个人小时候由于疾病使前叶部分分泌过量，那么他整个人就会过度生长，从而造成巨大畸形，也就是所谓的巨人症；如果是在成年以后出现分泌过度的情况，那么他的脸和四肢的骨骼会变得肥大。这种激素至今都没人成功地提炼出来，倘若只是从脑垂体前叶提取垂体部分的话，收效甚微。从我们目前所掌握的医学证明来看，脑垂体前叶所分泌的物质对于人体结缔组织和骨骼的生长有着极其深刻的影响。

假如一个人的脑垂体的后叶被切除，他并不会死亡，但是他的新陈代谢方面会出现明显的变化——会大量吸收糖类，从而使身体变得肥胖。在实验中，小动物的脑垂体后叶被切除之后，会出现性腺生长发育受阻的情况，这类似于被阉割的人（Eunuch）。

虽然至今仍旧无人能提取出后叶释放的分泌物，但是提取到干的腺体提取物有着很大的效果。这种提取物能够使心跳减慢，血压升高，类似于肾上腺素的效果。它的主要功效表现在增强所有非横纹肌的活动，此外它还能引起子宫肌肉收缩，并且能对肾脏和乳腺产生独特的刺激，对肝脏中所储存的糖原进行加速分解，使之以血糖形式供给肌肉活动。

松果体是位于大脑之中的一个红褐色的豆状小体，十分微小。它最为活跃的发展阶段是在人出生后的第七年，之后便开始萎缩，腺体组织渐渐消失。有人推测，在生命初期，这种腺体所分泌的化学物质可以对性器官的发育进行控制，并且一直持续到青春期。此外，还有一个位于颈部的无管腺，也就是胸腺（Thymus），它与松果体共同发挥着此种作用。不过胸腺消失的会比较早一些，其消失的时间大约在青春期左右，或者比这个时间更早一些。

下面我们来讲一下发身腺。性腺可以提供用于生殖的外分泌物，除此之外，它还可以提供无管腺分泌物或激素。这种可以提供外分泌物的细胞是真正的生殖细胞，我们称之为生殖腺（Gonads）。这些性腺细胞或生殖细胞之间有很多的小细胞，我们把这些小细胞称为间质细胞（Interstitial Cells），这组间质细胞将激素或无管腺分泌物释放进血液，并通过血液循环使它们到达身体各部分，这就是我要给大家讲解的发身腺。一直以来医学界和公众都非常关注这一腺体，那些“复壮手术”（Rejuvenation Oprations）也均和它有关。

假如青年男性的这组间质细胞被切除，那么他们的身上就会发生一些变化——声音将不会变得雄浑，脸上没有胡须，还会长得很高，其情形如同被阉割一般。如果女性被切除这组间质细胞，影响则没有男性这么明显。

我们之前对横纹肌和非横纹肌管状腺等反应器官进行研究时发现它们的活动是可以被条件化的，比如在它们之间能够建立习惯。那么，无管腺的活动是不是可以条件化呢？就目前的研究结果来看，这一点尚无定论。不过，这些激素在人体发育和生长中起着非常重要的作用，所以了解它们是否可以被条件化就显得尤为重要。假如它们能够被条件化，那么我们的社会就有担负起关注婴儿和儿童的早期家庭训练的责任。分泌失去平衡，分泌物过量或者不足，都会导致儿童的生长发育无法正常进行，从而偏离正常的行为路线。

就个人而言，我认为这些腺体是能够被条件化的，即使现在仍旧缺乏实验的证据，诸如害怕、愤怒等引起反应的无条件刺激，都可以引起肾上腺的分泌。所以，现在我们能够知道的是害怕、愤怒的行为可以被条件化。同理，我们可以认为，在无条件性刺激的作用下，发身腺是可直接发生活动的。在整个人体条件反射的过程中，与它相关联的正是无管腺，这是因为条件刺激能够引起无管腺的分泌过量或是不足。

讲了这么多，也许你现在能够明白，为什么长期处于不幸的条件刺激侵袭的环境中，会造成人们心理上的行为障碍，脱离这种环境的时候便会恢复健康。当我们在新的环境中需要使用新的语言和建立新的活动时，通过废弃（Disuse）来消除旧环境里特征明显的活动，让旧语言失去它的支配作用，是一个最好最有效的方式。很多年轻的罪犯和精神病患者就是用这样的方式获得了治疗。哪怕我们因目标不明确而盲目工作之时，也可采取这种方式。我认为，在儿童领域中，尤其是困难儿童、低龄犯罪者，顺着这些线索更明确地进行研究工作已成为可能。

现在，我们对我之前所讲的内容进行一下简单的回顾。首先，我们探讨了基础细胞及其所构成的基础组织，之后，我们探讨了由这些组织构成的器官，如刺激作用的地方——感觉器官，横肌纹、非横纹肌、管状腺和无管腺——反应器官。除此之外，还有一种器官——传导器官（Conduction Organs），也就是我们平时所说的神经系统。接下来，我们来看一看人体中极为重要的组成部分。

6. 从大脑或脊髓到反应器官的通路——神经系统

神经系统的作用是将神经冲动由感觉器官传导至肌肉体和腺体，即传导至反应器官。而它必须具备一系列细胞及其纤维，从每一感官到达大脑和脊髓，也就是到达中枢神经系统，之后由中枢神经系统到达肌肉和腺体，这样才可以完成它的这项工作。神经元按照从感觉器官到达反应器，此种排列组合构成了整个神经系统，大脑和脊髓也是同样。所以，我们必须把神经系统看成感觉器官到反应器官这条路的一部分。而支撑性结构，即结缔组织膜（Connective-tissue Membranes），自然也是存在于整个神经系统之中的，尤其是在大脑和脊髓中。

短反射弧（Shiort Reflexarc）是指由感觉器官到反应器官的最简单的功能性通路。比如，当你的手指触碰到带电流的铁板之时，会感觉到灼痛，而后，在你还没有喊出声之时，便已经把手缩回来了，这种情形就是我们所说的反射。这一系列的动作中，其实参与活动的仅仅只有三个神经元：一个是传入神经元（Afferent Neurone），它是由皮肤到脊髓的；一个是中枢神经元（Central Neurone），它只在脊髓内，并不延伸到脊髓外；一个是运动神经元（Motor Neuronr），它是由脊髓到手的肌肉。人体内有成百上千个这样的短反射弧，正是因为它们的存在，才能在你遇到危险刺激时，促使你作出迅速反应，提供一个直接的联系——弧形排列（Segmental Arrangement）。

短反射弧有两个必备的基本要素：一是由感觉器官到脊髓或大脑的传入神经元，大脑与某些反应器官就是通过这些短反射弧连接起来，如眼睛、鼻子、舌头、皮肤以及一些内脏和横纹肌中的反应器官结构等；二是其由脊髓或大脑通往肌肉和腺体的运动神经元。不管是在什么时候，只要我们对刺激作出反应，反射弧的这两个基本要素就都是必不可少的。

神经通路变得更长也更为复杂。由于在有些反射弧中，有一个或更多的中枢神经包含其中，这就使脊髓和大脑中的通路变得十分复杂。假设我们现在正在进行这样一个反应实验：我下楼在黑暗之中寻找一支之前放在桌子上的铅笔，我伸手从桌子上摸到了一根又圆又滑的东西，当我触摸它的尖端时发现这不是我的铅笔，我大声嚷嚷："这是我儿子的玩具！"然后我把它扔下，继续寻找我的铅笔。我又摸到了一个有尖头的圆物品，我摸了摸它的另一端，发现上面没有橡皮头。我又说："原来只是一根婴儿车上的棒棒。"我又把它扔下，然后继续寻找。最终，我摸到了一根圆圆的一端是尖的，而另一端有橡皮头的东西。于是我拿起它上楼继续写字。大家来看，在这类反应中涉及了一系列的调节：手部、腿和躯干都参与到了活动中，身体参与部分需要一个以上，完成动作的过程必须由许多身体部分共同合作完成，这是一个将身体各部分组合起来的整合过程（Integration）。中枢神经系统在这个整合过程中是我们所需要的，因为我们需要在某个感觉器官和单组肌肉之间建立一个开放性联结，同时我们也需要一个复杂的神经通路来参与，也就是我们的大脑和脊髓的神经通路。

神经通路传递的是神经冲动，神经冲动则是产生于感觉器官的"化学工厂"。从其本质来说，它是种与一系列局部电流相似的物质，或者说它与电流的化学分解波（Wave of Chemical Decomposition）的快速传递相类似。神经元在积极活动状态下所释放的二氧化碳比在休息状态下多得多，如果神经元缺氧的话，神经冲动则无法被传递。尽管我们对于神经冲动的本质特征至今也没能全面了解，不过它也只是一个普通的物理化学过程，而我们将会通过实验很快揭开它神秘的面纱。

现在对我们学习的部分内容做一个总结：细胞及其产物构成了人体。基础的组织由细胞构成，各个器官都是由这些组织构成的，这些器官具有特定的功能表现，而且有特定的统一性。这些器官包括：感觉器官，有的可以从人体表面察觉到，例如鼻子、眼睛、皮肤、耳朵等，还有一些器官是无法从人体表面观察到的，像那些隐藏于肌肉、肌腱、内脏中的感官；反应器官，也就是横肌

纹或骨骼肌、非横肌纹和腺体；联结器官，包括从感官到大脑或脊髓，从大脑或脊髓到反应器官的通路，也就是神经系统。

整个人体的构成，就是各类组织的整合，是一个能够迅速地对简单和复杂刺激作出反应的“大工厂”。

附录：

著名心理学家的儿童行为心理学

1. 人本主义心理学家马斯洛的儿童心理学观点

尽管华生的行为主义儿童心理学曾风靡一时，但是仍然有许多心理学家与他持不同看法。他们反对行为主义的环境决定论，并且提出了自己的儿童心理学观点。在本书的最后，我们将对这些观点进行简单介绍。这样做不是为了对诸位心理学家的观点进行比较，而是为了增加读者们对儿童心理学的了解。希望大家能从中找出自己认为恰当的心理学观点，为孩子们塑造一个幸福的人生。

下面我们先来介绍一下人本主义心理学家马斯洛的儿童心理学观点。在观察了自己的孩子和与人类行为相近的猿猴的行为后，马斯洛得出结论，如果想让孩子得以健康快乐地成长，父母们必须满足孩子们的五种需求。

这五种需求中最基础的需求就是生理需求，所谓生理需求就是保证各项生理机能正常运转的需求。如果这项需求得不到满足，孩子的身体就会处在亚健康的状态，他们的心理状况也会非常糟糕——那些食不果腹的流浪儿和因为营养成分缺失而生病的孩子会一直被沮丧甚至是绝望的负面情绪所包围。因此在孩子年幼时，父母们要注意为孩子们提供充足的食物和水源，还要注意孩子三餐的搭配，满足孩子对各种营养成分的需求。此外父母们也要为孩子们提供合适的衣物，以免孩子因为身体不适产生种种不良的情绪。

第二种需求就是我们所说的安全需求。在孩子成长的过程中，父母应尽量让孩子置身于比较安全的环境之中。如果孩子们一直处于混乱危险的环境中，那么他们的生命安全就无法得到保障，即使安全无虞他们也会时刻处在受伤、甚至死亡的阴影之下，这会对他们的心理健康产生非常不利的影响。为此父母们要尽可能地在远离纷争的地方安家，为孩子择校时也要尽量选择校风严谨的学校，并且向孩子们传授躲避危险和与人交往的方法，保证孩子不会因为受人欺辱而变得卑微和怯懦。

第三种需求就是爱的需求。马斯洛认为在孩子的成长过程中，感情的赋予和朋友的接纳是不可或缺的。每个人在初生时都如同一粒种子，需要身边的人用爱和感情细心地浇灌才能开出美丽的人生之花。为此父母们应当积极主动地向孩子表现出你对他的重视和在意，让孩子们能够感受到他在你的心中是重要的、独一无二的，此外父母还应教导孩子如何友善、周全地与人相处，因为只有做到这一点，才能获得他人发自内心的善意。

第四种需求就是尊严的需求。人们在很小的时候就已经形成了自尊心，在生活当中，他们需要被倾听、被尊重、被认同。如果一个孩子长时间地被忽视、被拒绝、被轻视，那么他们的心理状况就会朝向不健康的方向发展，或是极度自卑，或是对生活充满不屑和仇视，这对他们的人生是极为不利的。因此父母在与孩子相处时，要学会静下心来倾听孩子们的意见，将他们放在与自己平等的位置上进行交流。不能因为他是孩子就用“你懂什么”“这是大人的事”等话语来敷衍甚至是斥责孩子，要知道这并不是一件小事，它会对孩子的心理产生巨大的影响，这种影响甚至会伴随孩子的一生。

第五种是与成就感有关的需求。无论是孩子还是成人都有自己想要达成的心愿。心愿达成他们就会对自己充满自信，如果他们一而再再而三地受挫，他们也会郁郁寡欢，失去面对未来生活的勇气。对此，父母们能做的就是重视孩子各方面能力的培养，让他们具备足够高的个人素质，这样他们才有可能获得属于自己的成就。

2. 卡尔·威特提出的儿童教育理论和方法

卡尔·威特是儿童早期教育领域的代表人物，他的教育理论和全能教育法被后世视为教育儿童的瑰宝。下文中我们将对他的教育理念和方法做一个详细的介绍，希望能对父母们教育孩子有所帮助。

卡尔·威特认为，孩子长大能否成才不是取决于他的天赋，而是取决于父母对他的后天教育。如果孩子能够尽早接受教育，那么孩子的潜能就能在学习的过程中被挖掘出来；反之，如果孩子们迟迟不接受教育，他们的潜能就会随着时间的流逝一点点的消失，得不到充分的利用。为此卡尔·威特提出，父母们应在孩子三岁时就开始教他们学习各种知识。这一时期教孩子们学习没有什么好的办法，只能通过一遍一遍地重复，让孩子们对各种知识留下印象。等孩子五岁的时候，我们就可以使用与孩子们做游戏、模仿各种行为、对孩子们接触的事物进行比较解释等多种方法加深孩子对事情的记忆。

除了开始教育孩子的时间，卡尔·威特还对如何让孩子养成良好的行为习惯提出了建议。他认为想让孩子养成良好的行为习惯，父母在教育中必须做到三点。

首先是父母必须亲自教育孩子，不能将教育孩子的重任完全交给孩子的祖父祖母。因为祖父母总是对孩子过分溺爱，不论孩子的要求是否合理他们都会予以满足，这不利于孩子养成良好的行为习惯。此外，祖父母教给孩子的知识总是带有以往生活的时代特色，不符合当今社会的发展需要。举个例子来说，祖父母往往特别看重孩子的书法水平，他们会教孩子学习书写行草篆隶，却很少也没有能力去让孩子学习现在各行各业都需要的计算机技能。这无疑会造成孩子们行为能力的缺失，不利于他们日后的发展。

其次是让孩子的每一天都过得充实有意义。从孩子两岁起，父母就可以通过与孩子游戏互动，或是让孩子学习新东西等方法让孩子将每一天都过得充实。不要让孩子有大把无所事事的空闲时间，否则很容易让孩子养成不良的行为习惯。

最后，父母在教育孩子时必须按照规定的原则办事，不能因为孩子的哭闹撒娇而改变。现在有许多父母明知孩子犯了错应该受到惩罚，却总是雷声大雨点小，只要孩子一哭一闹就会心软放弃惩罚，这样是没有办法让孩子意识到他的错误的，自然也就无法帮助孩子养成良好的行为习惯。

卡尔·威特相信，只要父母能在教育中做到以上三点，就能帮助孩子养成良好的行为习惯。但这仅仅是父母对孩子进行教育的目的之一，他们希望孩子不仅能通过教育养成良好的行为习惯，还能够通过教育成为博学多才、能力出众的人。对此卡尔·威特也提出了自己的看法，他认为想要帮助孩子拥有出众的能力和渊博的学识，最重要的一点就是引起孩子的兴趣，令他们主动学习某样东西，而不是强迫他们进行学习。这就要求父母在孩子遇到问题时要学会鼓励孩子多思考、多询问，并随着孩子思考的逐渐深入慢慢地引导他们找寻正确的答案。由此便能令孩子对相关的问题产生兴趣，从而快乐地对相关知识进行学习和思考。

卡尔·威特认为，想要通过教育令孩子成才，父母不仅要让孩子对学习产生兴趣，还要在他们幼年时就对他们进行能力的培养。为此父母应该做到以下几点：

（1）为孩子讲述一些事情，让孩子进行复述，提高孩子的语言表达能力和逻辑思维能力；

（2）多带孩子参加户外活动，提高孩子接受新鲜事物的能力，开阔孩子的眼界；

（3）在日常生活中经常性地向孩子提问，提高孩子的反应速度；

（4）耐心地解答孩子提出的问题，让孩子对学习新的知识充满热情。

3. 蒙台梭利的儿童教育法

玛利娅·蒙台梭利是幼儿教育领域的专家，她将自己的实验结论与诸多学科的理论知识相结合，提出了自己的蒙氏儿童教育法，受到后世教育者的广泛认同。在下文中我们将对她的教育观点和方法做一个详细的介绍。希望能为施教者（包括老师和父母）提供帮助。

蒙台梭利认为，想让孩子获得良好的教育，最关键的一点就是为他们提供适宜的环境，因为只有在良好的环境中，孩子才能主动地学习各种知识。这就要求父母在教育孩子时，根据孩子自身的发展特点，为孩子提供恰当的成长环境（即环境中的各种物品都是对孩子成长有积极意义的，所有不利于孩子成长的事物都被排除在外）。此外，为了让环境充分发挥引导孩子学习的积极作用，父母们必须尊重孩子的决定，让他们做自己想做的事情，而不是强行干涉孩子的一举一动。但这并不意味着孩子想做的任何事情都可以被满足，蒙台梭利认为父母应该让孩子拥有被限制的自由。也就是说，父母在教育孩子的时候可以给孩子较大的自主权让他们决定想要做什么，但是要提前告诉孩子有哪些事情是不被允许的，保证孩子自由地探索环境时，不会在环境中增加不利于他们成长的因素。

蒙台梭利表示，想要让教育在孩子的成长中产生更积极的作用，还有一件事情必须要做到，那就是改变成人（包括家长和老师）在孩子教育中的地位和教育孩子的方式。他认为成人将自己当作孩子的教导者，在教育孩子的过程中干涉孩子的一举一动，告诉他们什么应该做什么不应该做，是非常不智的行为。成人在教育孩子的过程中，应将自己当成一个协助者，即不再干涉孩子的举动，只在孩子遇到困难时对他们进行帮助指导。

在教育方式和教育方法上，蒙台梭利也提出了自己的看法，她认为成人在教育孩子时必须改变他们填鸭式的教育方式，即不再让孩子通过死记硬背的方式学习各种知识，而是利用多种多样的道具帮助孩子进行学习。这是因为孩子是凭借自身的感官对外界知识进行学习的，使用多种多样的道具会让孩子们在学习中感受到自主学习的乐趣，从而培养出孩子自主学习的良好习惯。

此外，在教育孩子时，成人应该做到将孩子视为教育的中心，让孩子可以在学习中做出符合自身发展阶段的行为，而不是将孩子看作与成人无差别的群体，将成人的学习方式应用到孩子的教育上。

除上述两点外，蒙台梭利还认为0至6岁是孩子的敏感期，在这一时期，孩子的喜好会不断发生改变。也就是说他们感兴趣的事物会不断发生改变，这就要求成人根据孩子对事物的偏好不断地改变教育孩子的方式，使这种方式与孩子的成长特点相适应。这样做能够帮助孩子们更迅速地吸收学到的各种知识。

除教育方式外，蒙台梭利还提出了她认为能够取得更好的教育成果的教育方法。首先，成人在教育孩子时应取消孩子学习课程和学习时间的安排，让孩子能按照自己的成长步调学习自己感兴趣的知识，使孩子能够更加专注地让自己的能力与才华得到发展，满足自己的内在需要。

其次，蒙台梭利提倡混龄教学，即让不同年龄段的孩子在一起学习各种知识，这样做能够提高孩子的学习模仿能力，也能让孩子养成乐于帮助他人的良好品质。

再次，蒙台梭利认为成人教育孩子时不应采取奖罚制度，即对学习好的孩子进行奖励，而对学习效果不佳的孩子进行惩罚。因为这样做会伤害到孩子的自尊心，挫伤他们的学习积极性，对他们日后的发展会产生极为不利的影响。

最后一点就是成人在对孩子进行教育时应当注重孩子人格的培养，让他们能拥有良好的品质，这是教育要达到的最基本的目标。

蒙台梭利不仅提出了教育方式方法和教育环境的要求，还对孩子们具体的学习内容做出了规定。她认为成人对孩子施教时应进行五方面的培养：第一方面是指基本的生活能力和习惯的教育，即日常生活能力的培养；第二方面是对孩子的感官进行训练和培养，让孩子具有敏锐的观察能力和分析能力，即对孩子们进行感官培养；第三方面是培养孩子们的数学能力，成人应寓教于乐，让孩子们在进行数学游戏的过程中学习到相关的运算知识和几何知识；第四方面是培养孩子们的语言能力，我们可以通过让孩子讲述听到的故事，解释日常生活现象等方法培养孩子的语言表达能力和阅读能力，为他们学习更为复杂的知识打下一个良好的基础；第五方面的培养是各种知识的培养。蒙台梭利认为，对孩子们来说能够用感觉器官感受到的事物比书中的讲述更具有吸引力，因此施教者应该准备各种实物道具，如地球仪、汽车模型等帮助孩子们进行学习。在蒙台梭利看来，施教者教育孩子时不应受地域和环境的限制，她主张施教者使用的教学道具应该是种类繁多且涉及面广的，以便孩子能够学到各个领域的知识，从而拥有渊博的学识。

4. 赫尔巴特的教育理论及教育方法

赫尔巴特是世界上第一位将儿童教育与儿童的心理发展情况联系起来的教育学家，他提出人们在教育孩子的过程中要应用心理学的知识来解决论证各类教育问题。并且以这个观点为基础，提出了相关的教育理论和教育方法。在下文中，我们将从教育目的、教育任务、老师教育孩子时使用的教材、教学的方法这几方面对赫尔巴特的教育理论进行详细介绍，希望借此帮助父母们给孩子提供更加优质的教育。

赫尔巴特认为教育有两个目的。第一个目的是让孩子们在教育中形成内在自由的观念、完善的观念、善意的观念、法权的观念和正义的观念。因为具备良好的道德品质是孩子们拥有幸福人生的基础，如果孩子不能在受教育的过程中形成完备的道德观念，他们就会被自身所处的社会环境所排斥，到那时，即使他的能力远超常人，也无法过上自己想要的生活。为了达到这个目的，施教者在教育孩子的过程中必须注重孩子品德的培养。第二个目的是让孩子们在教育中获得进行职业选择的能力，只有具备了这种能力，孩子们才能让自己过上内心所期待的生活。为了达到这个目的，父母在教育孩子时要格外注重对孩子兴趣的培养。

赫尔巴特认为施教者应该将孩子的心灵建设作为教育的首要任务。这是因为，品德这种能够影响人类行为的意识，实际上是一种持久存在于人们内心深处的内在观念，且这种观念的形成是以从教育中获得的正确的知识为基础的。如果我们在教育孩子的过程中，忽视孩子的心灵建设，那么孩子就无法具备良好的道德品质，自然他们的行为也就不符合当今社会的发展需要。毫无疑问，这对孩子的成长是极为不利的。

赫尔巴特认为成人应该通过教育让孩子掌握以下两种知识：

第一种知识是对外界环境中各种事物的认识和了解。只有掌握了这种知识，孩子们才能从容地应对生活中的种种变化，游刃有余地处理生活中存在的种种问题。虽然孩子们可以从他与外界环境接触的经验中获得这种知识，但是通过这种途径所获得的知识往往存在许多谬误，这种谬误会对他的生活产生许多不利的影响。为此施教者在教育孩子时必须要做到以下两点：第一，必须鼓励孩子们多接触外界的事物，通过亲身经历不断增广见闻；第二，引导孩子们对这些从生活经验中获得的知识进行思考判断，从而得到正确的、能经得住科学检验的知识。

第二种知识是孩子们通过思考社会现象获得的知识，这种知识不仅可以让孩子们的智力和道德得到发展，还能帮助孩子得到周围的人和自身所处的社会环境的接纳。为此，老师在教育孩子的过程中要注意培养孩子的阅读兴趣，让孩子们多阅读各种书籍，尤其是历史文学类的书籍。人们或许会对此产生疑问，既然这种知识是人们在思考各种社会现象时得到的，为什么孩子不是通过参与社会实践来获得这种知识，反而要通过读书增加自己的知识储备呢？赫尔巴特向人们解释了这样做的两个原因：第一个原因是这种知识作为一种文化会随着时代的变迁不断变化。我们只有以史为鉴，不断加深自己对过去的社会现象以及这些现象中蕴含的知识的了解；才能保证当代文化向着对人们有利的方向发展。第二个原因是社会中包含的需要我们了解的知识是非常庞杂的，孩子无法从自己有限的社会经验中了解到所有的知识。但若我们翻看史书就会发现，这些知识都可以在那些震撼人心、引人入胜的故事中找到。只要孩子们对历史产生兴趣，他们就能轻而易举地获得这种知识。

为了增加孩子们的知识储备，教育者们往往会给孩子安排许多需要学习的课程，为了让孩子尽可能多地掌握这些课程中包含的知识，教育者们安排课程时要遵循一定的原则。赫尔巴特认为教育者们要遵循的原则有两个：第一个是集中原则，他要求教育者们在安排课程时，要将某一种课程作为核心课程——这是为了让孩子们学习时精力更加集中，提高他们的学习效率。另一个原则是类化原则，指的是核心课程中必须包含其他科目的知识，举例来说，若我们以文学为核心课程，在讲述某一人物时，不仅要讲述他的相关作品，还要介绍他所处的历史背景、他的居住地以及他的思想观念。这样做是为了保证孩子们能在课业中学到对他们的成长有益的各种知识。

赫尔巴特还提出了他认为合理的教育方法，即道德教育法。所谓的道德教育法就是父母在教育孩子时必须做到以下几点：第一，建立行为规范约束孩子的行为；第二，在生活中对孩子进行奖励和惩罚让孩子养成健康的生活习惯；第三，帮助孩子建立正确的是非观，避免复杂的社会环境对孩子的成长造成不利的影响。父母和老师只要做到以上三点就能让孩子们养成良好的学习习惯，让他们的学习可以事半功倍，轻松地掌握老师和家长教给他们的各种知识。

5. 杜威的儿童教育理论

约翰·杜威是美国著名教育家，他提出的教育思想和教育理论被视为现代教育理论的经典，受到后世众多教育者的推崇。在下文中我们将对他的教育理论进行详细介绍，希望父母和从事教育工作的人们可以从中受益，用更有利于孩子成长的方法对孩子进行教育。

杜威认为施教者教育孩子的最好方法就是多让他们参加实践活动，因为教育即生活，孩子们所学的知识实际上就是他们从社会实践中获得的直接经验和间接经验。只有不断地进行社会实践，孩子们才能对学到的知识进行整合，在脑海中形成完整的知识体系，使自己各方面的水平得到提高。

此外，杜威还提出了学校即社会的理论，认为老师在教育孩子时，应该将教育场所——学校变成孩子可以自由活动的场所，让孩子们主动投入各种各样的活动中去，因为这样可以促进孩子知识水平的提高。

为了能将学校变为孩子自由活动的场所，让孩子们能更加轻松地通过教育增加自身知识储备提高自己的行为能力，杜威提出了教学理论要求：老师们需要更换旧有的使用教材，改变传统的教育方式，选择对孩子的成长更为有利的教材和教学方法。他认为科学并不是孩子形成完整知识体系的基础，真正能帮助孩子建立完整知识体系的是种种社会活动。因此他提出在老师教育孩子的时候，应该适当地让孩子们参与社会活动，选择一部分生活中常见的事物作为孩子的教材。

在教学方法上，杜威认为老师应当做到两点：

第一点即在实践中施教，所谓在实践中施教就是指老师们应该帮助孩子在实践活动中获得知识。因为只有这样，孩子们才能真正明白他们所学习的知识，如果老师们忽视了这一点，只通过读书和讲课向孩子们传授知识。那么孩子们学到的相关知识就是不完整甚至是不正确的，孩子们也就没有办法对这些知识留下深刻的印象，也没有办法将这些知识纳入他们的知识体系中。这对孩子各项水平的提高是极为不利的。

第二点是采用五步教学法教导学生，要求老师在教育孩子的时候，将整个教育过程分为五个阶段：第一个阶段是在施教时为孩子模拟一个真实的生活场景，这样做是为了让孩子对老师讲授的与这个生活场景有关的内容产生兴趣，加深孩子们对这个问题的印象；第二个阶段是提出与这个场景相关的问题，这样做是为了让孩子们产生解决问题的兴趣，提高他们解决问题的能力，让他们能够从容地面对生活中出现的种种难题；第三个阶段是在教育的过程中帮助孩子用已经学过的知识尝试解答在生活中没有遇到的问题，这样做是为了提高孩子的思维能力和创新能力，以增加他们的知识储备；第四个阶段，施教者应该对孩子们为解决问题想出的方法进行判断，并且指导孩子将他们想到的方法按照顺序排列，使这些方法排列得井井有条，这样做是为了通过教育让孩子们具备一定的思维创新能力；第五个阶段是教导孩子们在实践中检验他们的方法是否正确，这个阶段的意义在于通过教育让孩子们的思想成为真实的、对人们的生活产生意义的东西。

杜威认为，只要施教者们坚持用这个教育方式教育孩子，孩子们一定能提高思维能力，不仅如此，这样做也能让他们更加积极主动地的面对生活中遇到的问题，形成积极向上的人生态度。

在儿童教育的内容上，杜威认为道德教育是教育的重要组成部分，人们道德水平的提高能够促进当今社会的进步和发展。而孩子们如果在教育中获得了较高的道德水平，那么他们参与社会实践后就能更加容易改善自己所处的社会环境，提高自己的生活品质。此外，他认为教育者们在教育过程中应当通过各种知识的讲授提高孩子们的道德水平。

除了上述的观点之外，杜威还提出了儿童中心论，他认为不管在什么样的情况下，施教者都应将孩子作为教育的中心，从孩子的需求出发制定相关的教育方法和教育计划，只有这样，才能让孩子们在教育中学到与当今生活密切相关的各种知识，让他们能够轻而易举地融入当下的社会环境中。反之，如果施教者们一味地按照自己的想法对孩子们进行教育，那孩子们只能从教育中学到过去的生活经验，显而易见这对他们培养出当今社会发展需要的种种能力、适应当今社会的发展是极为不不利的。

6. 福禄贝尔的幼儿教育思想

福禄贝尔是全世界公认的学前教育创始人，他提出的幼儿教育方法至今为止仍然被无数从事幼儿教育的施教者所奉行。在下文中我们将对他提出的教育思想做一个简单的介绍，希望父母们能从这些介绍中获益，用更恰当的方法教育孩子。

福禄贝尔将成人对孩子的教育分为人性教育、劳作教育、连续教育、社会教育，以及感情教育。人性教育是指父母教育孩子应当顺应自然，也就是说我们对孩子进行培养教育时要以孩子的兴趣为出发点，让他们做自己想做的事情，学习自己喜欢的知识。当然这并不意味着父母对孩子完全不加约束，父母必须学会用恰当的方法对孩子们进行引导，让孩子始终走在正确的成长道路上。另外，福禄贝尔认为，父母应该让孩子们养成自动发展的习惯。所谓自动发展就是让孩子通过自己的能力吸收外界的知识，将这些知识转化成自己对事物的看法，且能够在恰当的场合将自己的看法表达出来。福禄贝尔还将自动发展分成了两个阶段，即表达知识阶段和接受知识阶段，他认为处在幼儿期的儿童只需掌握表达知识的能力，少年期的儿童则需要有接受知识的能力。

连续教育是指父母教育孩子时对孩子提出的要求应该符合孩子所处的发展阶段。在现代社会我们经常听到父母这样要求孩子："你应该像你的姐姐一样落落大方，你要像你哥哥一样每天早起，你看看他现在多么优秀。"这种要求是不现实的，也是不明智的，因为人类从婴幼儿到老年的五个发展阶段是密切联系、相互影响的。如果我们要求孩子跨过自己所处的发展阶段，直接做另一个发展阶段应该做的事，那等于是在建造空中楼阁，对孩子的成长会产生非常不利的影响。

劳作教育是指父母应在孩子幼年时就让他们养成勤于做事的习惯。福禄贝尔认为，劳动不仅能让人们得到各种生活必需品，还能让人们隐藏在内心深处的精神在生活中得以显现。如果青少年忽视了劳动，仅仅依靠理论理解外界环境，那么他们就会丧失对他们的成长发展起到重要作用的内在力量。因此成人应该通过教育，让每个 4 到 20 岁的青少年都养成这样的习惯，每天抽出一两个小时从事家庭生产活动，避免青少年在成长中失去这种能发展的无限的力量。

社会教育指的是父母在教育幼儿时，应将幼儿教育和社会的发展前景联系起来。因为幼儿不仅是家庭中的一分子，也是民族、国家甚至全人类的一员，在他的身上，统一性、个别性和多样性是并存的。

最后一种是情感教育。福禄贝尔认为，成人必须通过教育让每一个孩子身

上产生宗教性和道德性，这两种性质是以幼儿具有的共同感情为基础的，为此母亲必须将感情教育视作幼儿教育的重要组成部分。

7. 赞可夫的儿童教育思想

赞可夫是苏联的教育学家，他认为苏联旧有的教育体系是僵化的、死板的，这种教育方式会禁锢孩子们的思维，让孩子们缺乏创新的意识和能力。为此他从教育目的、教育原则、教育孩子们的课堂生活、老师的教育工作这几个方面入手，对旧有的教育体系进行了改革，创造了自己的一套教育体系。希望能通过这种教育方式，让孩子们的创造性思维得到发展。下面我们将从他要求革新的几个方面（教育的目的、原则、教育方法）入手，详细地介绍他对儿童教育的看法。希望能给从事儿童教育工作的人以启发，让孩子能通过教育得到全面的发展。

什么是教育孩子的目的？赞可夫的回答是促进孩子各方面的发展和学习。他认为老师教育孩子时，要促进孩子身心的全面发展，也就是说老师要通过教育孩子，让孩子的智力水平、道德水平、身体素质都得到提高，不能只关注孩子的智力发展，忽视孩子的道德修养水平和身体素质。否则就会导致孩子某一方面的缺失，会对他们的成长产生极为不利的影响。

为了保证新的教学体系不像旧的教学体系一样禁锢孩子们的思想，赞可夫提出教师们必须遵循五条教学原则：高难度教学原则、高速度教学原则、用理论知识指导孩子们学习的原则、在教学中保证孩子们能理解教学过程的原则、让孩子们在教学中得到全面发展的原则。

高难度原则是指老师在教学时应保证，所讲的内容对学生而言有一定的难度。这样做对学生是有好处的，它既能让孩子产生克服困难的自豪感，从而更加努力地学习，又能让孩子的求知欲得到满足。但在教学中秉持高难度原则并不意味着无节制地增加教学内容的难度，教师要将教材的难度控制在孩子可以接受的范围内，切忌拔苗助长。

所谓高速度教学是指在讲课的过程中不再对讲过的知识点进行无谓的重复，将节省下来的时间用来讲述新的内容，不断拓宽孩子们的知识面。但这并不意味着老师在讲述课程时不考虑孩子们的接受水平，盲目地向孩子灌输新的知识。我们必须根据孩子的接受水平来决定自身的讲课速度，保证孩子们能掌握我们所讲的所有知识。

用理论指导孩子们学习是指老师在讲述一项内容时，必须先讲清楚其中蕴含的理论。举个例子来说，如果我们教孩子几何问题的解法，我们必须先让他了解勾股定理的相关内容，这样做不仅能让孩子把握事物的发展规律，促进他创造性思维的发展，还能帮助他建立完整的知识体系，加深他对所学知识的理解。

让孩子们理解学习的过程是指老师教导孩子时，不仅要让他们学会各种知识，还要让他们掌握学习的方法，让他们知道怎样获得知识。举个例子，老师让孩子们用显微镜观察毛霉菌和根霉菌，并且让他们自己总结这两种霉菌的异同点。显然这样做有利于孩子们将所学的知识联系起来，形成比较完整的知识体系，加深孩子们对所学知识的印象，提高孩子们的认知水平，对孩子们的成长是非常有利的。

让孩子们在教学中得到全面发展是指老师在授课时，必须保证他讲述的内容能被大多数同学所理解。赞可夫认为，现在的学生发展水平不均衡，有的学生学习极好，有的学生学习成绩极差。出现这种情况有两个原因，一个原因是老师讲的内容超出了部分学生的接受水平，在学习中常常遇到无法克服的困难，让他们对学习失去了兴趣；另一个原因是老师往往让孩子们重复练习无法掌握的内容，孩子们无法学习到新的东西，智力水平无法提高，自然无法取得好的学习成绩。因此，为了改变这种情况，让孩子们都能从教育中学到足够的、对未来成长有价值的知识，教师们必须做到以下两点：首先根据大部分学生的学习水平选择自己的授课内容，保证这些内容可以被学生所理解；其次改变传统的老师讲课学生听课的教学模式，让孩子们在亲身实践的过程中学习各种知识，寓教于乐，培养他们的学习兴趣。只有这样，才能保证所有的孩子都能得到全面发展。

为了保证孩子们一定能通过新的教学模式得到全面的发展，赞可夫还提出了创建教学理论，他认为要使孩子们在教育中得到全面的发展，必须保证孩子作为教育主体的参与性、主动性、沟通性和教学模式的框架性、开放性、随机性。

参与性是指让孩子在学习、生活的过程中不断地应用自己所学的知识，以此来加深他们对这些知识的认识和了解。

主动性是指老师们在授课时要为孩子们准备多种多样的学习资料，以便孩子们能通过这些资料，提出各种不同的与课业有关的问题，并且自己探索这些问题的答案，做到自主学习。

沟通性是指老师在教育孩子时要让他们养成习惯，与他人交流自己对相关学习内容的意见和看法。这样做，既能培养孩子们的表达能力，又能让他们对自己的解题思路进行反思，加深他们对所学知识的理解。

教学模式的框架性是指老师在教学时，要将零散的内容进行整合与总结，形成合理的知识框架。让学生们能够把握各个知识点的内在联系，通过这些联系牢记所学的知识，并加深自己对这些知识的理解。

教学的开放性是指老师在教育孩子时，要鼓励他们从不同的角度和层次对所学的知识进行思考，以便他们能增加自身的知识储备，开阔自己的眼界，不断提高自身观察问题、分析问题的能力。

教学的随机性是指老师在讲课时，不但要为孩子们讲述新的知识，还要帮助他们重温学过的知识。所谓重温并不是机械地重复讲过的知识，而是在不同的情境里提出这些学过的知识，让孩子们能温故而知新，对这些知识有新的认识和理解。

赞可夫认为，只要教师们在教学时做到以上几点就能帮助孩子，尤其是小学阶段的孩子，帮助孩子在教育中得到全面的发展，让教育充分发挥它在孩子们的成长中应起到的作用。

8. 让・皮亚杰的儿童心理学观点

让・皮亚杰是儿童心理学的开创者，他提出的认识发生论和儿童发展阶段的理论，将儿童的心理发生与儿童的认识联系在一起，并且将儿童的心理分为四个发展阶段。在下文中，我们会对这些理论进行详细的介绍，希望能借此加深父母对孩子心理状况的了解。

根据自身对儿童的心理发生问题的研究，让・皮亚杰提出了认识发生论。他认为儿童心理的发生过程其实就是儿童的认识从低级到高级的过程，这个过程受三个因素的影响。第一个因素是生理因素。任意一个孩子的心理发生都是以他们的生理进化为基础的，也就是说，只有保证孩子在日常生活中表现出的生理特征顺利地被同形态的遗传物质和基因构造所取代，孩子才有顺利进行心理发生的可能。第二个因素是动作因素。皮亚杰认为儿童的心理发生只能在动作中产生，如果孩子不能利用动作与外界环境进行相互作用，那么孩子的心理就无法正常地产生发展。第三个影响心理发生的因素就是结构因素。让・皮亚杰认为正常的心理结构应该具有三种特性，即整体性、转换性和自身调节性。所谓的整体性是指人的心理结构是一个不可分割的整体，在研究人的心理结构时，我们必须从整体出发，而不能从某一点进行研究。转换性是指人的心理结构在不同时期是可以相互转化的。自身调节性是指儿童的心理结构可以不断地进行自我调整，这种调整是自发的、不需要外界环境的刺激。如果儿童的心理结构不具备这三种特性，或是这种心理结构虽然具备这三种特征但却无法进行建构，那么心理发生也不能顺利进行。因为所谓的心理发生就是不断地从初级心理结构向高级心理结构过渡。

在分析了儿童心理发生的成因后，让・皮亚杰展开了对儿童心理发展阶段的研究。他认为我们可以将儿童的心理发展分为四个阶段，即感知运动阶段（Sensorimotor Stage）、前运算阶段（Preoperational Stage）、具体运算阶段（Concrete Operational Stage）和形式运算阶段（Formal Operational Stage）。感知

运动阶段是孩子心理发展的初级阶段。这一阶段，他们只能凭借感觉和动作了解外界的环境，与之相对应的是他们只形成了极少数的重要认知。在这些认知中，对他们日后的成长最为重要的认知是客观环境永不消失的认知，即客体永存性认知。

心理发展的第二个阶段是前运算阶段。在这一阶段，孩子已经能用符号进行简单的思考活动，这时他们的思考是片面的、以自我为中心的。他们还意识不到一件事情产生的后果是多种多样的，也意识不到别人看待问题的角度可能会和自己有所不同。

心理发展的第三个阶段是具体运算阶段。在这一阶段，孩子不再单纯地依靠生活经验对环境中的事务进行分类，他们已经能用逻辑思维区别生活中遇到的种种事物。这个时期孩子已经做到全面地看待事物，也学会了站在他人的角度思考问题，此时他们与人沟通的能力已经得到了很大的提高。

第四个阶段是形式运算阶段。在这个阶段孩子已经形成了抽象思维。他们开始对生活中可能遇到的种种问题作出假设，并且能够认识到产生问题的原因和某一问题造成的后果是多种多样的。此时孩子已经具备了生活所需的所有认知能力。

现在有许多父母在孩子年幼的时候将孩子能力的缺失和认知的偏差视作寻常，等到孩子长大的时候则因为孩子身上的种种不足心焦如焚，用各种方法对孩子的不足之处进行训练。希望这篇文章能使未来新晋父母改变这种做法，在孩子形成各种认知能力的时期，因势利导，训练孩子的种种能力。只有这样才能令孩子的心理达到最佳的状态。

9. 维果茨基的儿童心理学观点

维果茨基与让·皮亚杰一样都是研究儿童心理发展阶段的知名心理学家。但与皮亚杰不同的是，他并没有将儿童的心理发展与自然环境联系起来，而是强调社会环境和文化熏陶在儿童心理发展中起到的作用，并以此为依据提出了他对儿童心理发展和儿童教育的看法。在下文中我们将提出的儿童发展理论和教育观点做一个介绍，希望借此为那些不知应该如何照料培养孩子的父母提供帮助。

维果茨基的儿童发展理论主要包括儿童文化发展遵循的原则、儿童的心理机能是从低级向高级转化的中介、儿童心理发展的活动论、儿童学习的最近发展区等内容。

在儿童文化发展所遵循的准则这个问题上，维果茨基提出儿童心理发展要遵循两条客观规律：一条是人的各种心理机能并非与生俱来的，他们都是在人与人的交往合作中产生的；另一条是人的心理过程不是产生于人们的内心，而是在外部环境中产生后转移至人们的心灵内部的。为此，在儿童文化发展的过程中，要遵循这样一条法则，即儿童的高级心理机能既可以作为儿童心理间机能，也可以作为儿童的内部心理机能。所谓的心理间机能是孩子接触外部环境参与集体活动时的心理状况，而内部心理机能指的是儿童思考问题的方式。这条法则揭示了儿童心理发展的内化机制，即儿童的心理发展要经过一个从集体活动中产生的外部心理活动转化成内部思维方式的过程。

关于儿童的低级心理活动向高级心理活动转化的中介是什么这个问题，维果茨基的回答是，儿童以工具和符号作为心理机能由低级向高级转化的机制。这是因为我们的生活中到处充满了符号，我们需要赋予这些符号不同的意义，并且根据这些符号的不同意义，决定我们要做出的行为。只有这样才能令我们的心理机能顺利地从低级转化成高级。除符号外，工具也在儿童心理机能转变的过程中起到了非常重要的作用。拿人类的重要工具语言来说，只有学习语言，人们才能学习到词语中包含的各种知识，进而用这些知识来参与集体的活动和内部思维的转化，将儿童所处的外部环境与他们的内在思想联系起来。

维果茨基在研究儿童的心理发展状况时，对儿童的实践活动做了深入的调查研究。通过研究他发现儿童的心理是在参加集体活动时，在人与人的交往中发展起来的，也就是说孩子接触参与的实践活动越多，他们的心理状况就越成熟，这是因为人的内在思维作为一种意识需要通过活动来表现，孩子只有通过活动才能将他内心的所思所想表达出来，并最终变为客观存在的事物。而意识从本质上来说是由人对事物的认识和情绪构成的。它是人类高级心理机能的一部分，也就是说意识能表现出各部分心理机能的关系的变化。因此我们可以说儿童的活动与其心理活动的发展是密切相关的。

维果茨基不但研究了孩子的心理发展规律，还将这种心理发展规律与孩子的学习能力和学习行为联系起来。他提出了发展区间的理论，认为在儿童身上的真实发展水平和在特定情况下激发出的发展水平存在差距。之所以有这种差距是因为决定孩子真实发展水平和潜在发展水平的因素不同，前者是由孩子自己处理问题的能力决定的，后者则取决于儿童受成人指导或是与比自己强的伙伴合作时表现出来的解决问题的能力。维果茨基根据这种差距将孩子处理问题的能力分为三类：一类是孩子不依靠别人就能解决问题的能力，一类是自己无法呈现受到他人帮助时就能表现出来的解决问题的能力，还有一类是即使在他人帮助下也无法表现出来的能力。这种发展区间的理论间接表现出学习、合作与孩子相处的人这三种因素对孩子心理发展的影响。

维果茨基不但为我们提出了与儿童心理发展相关的诸多理论，还提出了验证儿童心理发展情况的三种方法。第一种方法是辩证方法。维果茨基认为人们应该用辩证的方法将所有涉及儿童心理发展的知识都联系起来，并用这些知识对儿童心理发展的某些特定问题进行研究。此外他还提出，在我们用辩证的方法总结心理学知识时要坚持发展原则、体系性原则、质量转变原则。所谓发展原则，是指我们要用发展的眼光看问题，不能认为儿童的心理状况是一成不变的。体系性原则是指用不同系统组成的体系，系统性的去研究儿童各个时期的心理变化。质量转变原则是指，当某一种情绪积累多了，到了某个临界点孩子的心态就会随之发生改变。

第二种是起源学分析方法。他认为我们分析孩子的心理发展情况时不应只关注孩子自身心理变化，还应该关注孩子身处的环境和全人类发展的历史。为此，他提出我们研究孩子的心理发展情况时，应进行四种相关的分析：第一种是对不同种族进行分析；第二种是对孩子所在的群体进行历史渊源的分析；第三种是对孩子的个人素质进行分析，例如气质、品德等进行观察；第四种是对孩子在环境中的表现进行分析。

第三种分析法是因果分析和单元分析法。因果分析法是指在分析孩子的心理发展情况时追根溯源，探究心理现象发生的根源，并着重从心理现象的联系入手，研究心理发展的过程。单元分析法是指人们在研究儿童的心理发展情况时将复杂多变的心理状况分解成一个个小的部分来研究。这样既能对儿童心理的整体属性进行研究，又不至于被心理现象的复杂多变所困扰。

译者后记

当今社会不少人对行为主义有很深的误解，在他们眼里行为主义是冷酷的、不近人情的，甚至是违反自然规律的。但这是因为他们没有真正地了解行为主义，只要他们真正地了解了行为主义，就会发现行为主义实际上对儿童的成长是有益的。作者写这本书的目的就在于让大家了解行为主义，接受行为主义的观点。

心理学家们之所以在无数的反对声中坚定地进行行为主义的研究，不是为了在心理学史上留下自己的名字，而是为了帮助父母更好地培养他们的孩子，让孩子拥有强壮体魄的同时也能拥有健康的精神。他们相信只要恰当地应用行为主义就能让孩子成长为优秀美好的样子，就像作者在文章的最初所说的那样：给我一打健全的婴儿，把他们带入我构造的独特世界，我可以保证，在其中随机选出任何一个，我都能够将他训练成我所选定的任何类型的人物——医生、老师、艺术家、商界精英等，不用考虑他的天赋、倾向、能力、祖先的职业与种族。为此他们希望父母都能用行为主义的方法来养育孩子。但是对于大部分人来说行为主义的内容是艰深晦涩难懂的，他们无暇研究，更别说用行为主义的方法来教养孩子了。作者写作此书就是希望用简单浅白的语言对行为主义的观点和方法进行一个简单的概述，让人们可以了解行为主义的内容，从而用行为主义的方法教导孩子，让孩子们 都可以通过训练获得身体和心灵的健康，让他们具备独立思考和待人接物的能力，游刃有余地处理在生活中遇到的各种情况。

现在许多爱好心理学的人们尚未能转变他们的观点，他们认为心理学还像过去一样将意识作为唯一的研究对象，但事实上行为主义者们已经将人们的反应作为新的研究目标了。作者写作这本书的目的之一就是让心理学的爱好者可以了解到心理学的研究对象的最新变化，让他们不必在研究心理学的时候被过去的思维定式所禁锢。